中国三峡集团招标文件范本

项目类型：风力发电工程

新能源工程类招标文件范本

（第一册）

（2017 年版）

中国长江三峡集团有限公司　编著

中国三峡出版传媒

中国三峡出版社

图书在版编目（CIP）数据

新能源工程类招标文件范本. 第一册: 2017 年版/中国长江三峡集团有限公司编著. —北京: 中国三峡出版社，2018.6
中国三峡集团招标文件范本　项目类型. 风力发电工程
ISBN 978 - 7 - 5206 - 0047 - 7

Ⅰ.①新… Ⅱ.①中… Ⅲ.①三峡水利工程—风力发电—招标—文件—范本 Ⅳ.①TV7

中国版本图书馆 CIP 数据核字（2018）第 135897 号

责任编辑：赵静蕊

中国三峡出版社出版发行

（北京市西城区西廊下胡同 51 号　　　100034）

电话：(010) 57082645 57082655

http://www.zgsxcbs.cn

E—mail：sanxiaz@sina.com

北京华联印刷有限公司印刷　新华书店经销

2018 年 6 月第 1 版　2018 年 6 月第 1 次印刷

开本：787×1092 毫米　1/16　印张：15.75

字数：333 千字

ISBN 978 - 7 - 5206 - 0047 - 7　定价：78.00 元

编 委 会

前　言

　　1992 年，经全国人大批准，三峡工程开工建设。中国长江三峡集团有限公司（原名"中国长江三峡工程开发总公司"，以下简称"三峡集团"）作为项目法人，积极推行"项目法人负责制、招标投标制、工程监理制、合同管理制"，对控制"质量、造价、进度"起到了重要作用。三峡工程招标采购管理的改革实践，引领了当时国内大水电招标采购管理，为国家制定招投标方面的法律法规提供了宝贵的实践经验。三峡工程吸引了全国乃至全世界优秀的建筑施工企业、物资供应商和设备制造商参与投标、竞争，三峡集团通过择优选取承包商，实现了资源的优化配置和工程投资的有效控制。三峡集团秉承"规范、公正、阳光、节资"的理念，打造"规范高效、风险可控、知识传承"的招标文件范本体系，持续在科学性和规范性上深耕细作，已发布了覆盖水电工程、新能源工程、咨询服务等领域的 100 多个招标文件范本。招标文件范本在公司内已经使用 2 年，对提高招标文件编制质量和工作效率发挥了良好的作用，促进了三峡集团招标投标活动的公开、公平和公正。

　　本系列招标文件范本遵照国家《标准施工招标文件》（2007 年版）体例和条款，吸收三峡集团招标采购管理经验，按照标准化、规范化的原则进行编制。系列丛书分为水力发电工程建筑与安装工程、水力发电工程金结与机电设备、水力发电工程大宗与通用物资、咨询服务、新能源工程 5 类 9 册 15 个招标文件范本。在项目划分上充分考虑了实际项目招标需求，既包括传统的工程、设备、物资招标项目，也包括科研项目和信息化建设项目，具有较强的实用性。针对不同招标项目的特点选择不同的评标方法，制定了个性化的评标因素和合理的评标程序，为科学选择供应商提供依据；结合三峡集团的管理经验细化了合同条款，特别是水电工程施工、机电设备合同条款传承了三峡工程建设到金沙江 4 座巨型水电站建设的经验；编制了有前瞻性的技术条款和技术规范，部分项目采用了三峡标准，发挥企业标准的引领作用；对于近年来备受关注的电子招标投标、供应商信用评价、安全生产、廉洁管理、保密管理等方面，均编制了具备可操作性的条款。

招标文件编制涉及的专业面广，受编者水平所限，本系列招标文件范本难免有不妥当之处，敬请读者批评指正。

联系方式：ctg_zbfb@ctg.com.cn。

编者

2018 年 6 月

目　录

陆上风电场施工总承包招标文件范本

陆上风电场施工总承包

招标文件范本

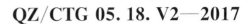

QZ/CTG 05. 18. V2—2017

＿＿＿＿＿项目施工招标文件

（陆上风电场施工总承包项目）

招标编号：＿＿＿＿＿＿＿＿＿

招标人：

招标代理机构：

20＿＿年＿＿月＿＿日

使用说明

一、《招标文件》适用于中国长江三峡集团有限公司新能源项目的陆上风电场施工总承包项目施工招标。

二、《招标文件》用相同序号标示的章、节、条、款、项、目，供招标人和投标人选择使用；以空格标示的由招标人填写的内容，招标人应根据招标项目具体特点和实际需要具体化，确实没有需要填写的，在空格中用"/"标示。

三、《招标文件》第一章的招标公告或投标邀请书中，投标人资格要求按照单一标段编写。多标段招标时，可并列编写各标段投标人资格要求。

四、招标人可以根据项目实际情况，约定是否允许投标文件偏离招标文件的某些要求，并对《招标文件》第二章"投标人须知"前附表第1.12款中的"偏离范围"和"偏离幅度"进行约定。

五、《招标文件》第三章"评标办法"采用综合评估法，各评审因素的评审标准、分值和权重等不可修改。

六、《招标文件》第四章"合同条款及格式"中，合同通用条款引用2007年国家范本，专用条款结合新能源以往招标范本进行针对性修改，便于标段合并。

七、《招标文件》第五章"工程量清单"由招标人根据工程量清单计价规范编制，为使工程量清单表格与投标报价表格一致，均采用《建设工程工程量清单计价规范》（GB 50500—2013）、《电力建设工程工程量清单计价规范 输电线路工程》（DL/T 5205—2011）和《电力建设工程工程量清单计价规范 变电工程》（DL/T 53415—2011）中的投标报价相关表样、以及招标项目具体特点和实际需要编制，并与"投标人须知""合同条款及格式""图纸"和"技术标准和要求"相衔接。本章所附表格可根据有关规定作相应的调整和补充。

八、《招标文件》第六章"图纸"由招标人根据招标项目具体特点和实际需要编制，并与"投标人须知""合同条款及格式"和"技术标准和要求"相衔接。

九、《招标文件》第七章"技术标准和要求"由招标人根据招标项目具体特点和实际需要编制。"技术标准和要求"中的各项技术标准应符合国家强制性标准。概述和本工程采用法律法规两节中对安全文明施工、环境保护和水土保持要求、引用的法律法规进行统一描述，标准化编写；工程技术条款小节按建筑工程、钢结构安装工程、电气设备安装工程、输电线路工程分别编写，根据实际标段划分选用其中的几项内容，以便于招标时标段的合并和细化。

十、《招标文件》将根据实际执行过程中出现的问题及时进行修改。各使用单位对《招标文件》的修改意见和建议，可向编制工作小组反映。

邮箱：ctg_zbfb@ctg.com.cn。

第一章 招标公告（未进行资格预审）

_____（项目名称及标段）施工招标公告

招标编号：_____

1 招标条件

本招标项目(项目名称及标段)已获批准建设，建设资金来自(资金来源)，招标人为中国长江三峡集团有限公司，招标代理机构为三峡国际招标有限责任公司。项目已具备招标条件，现对该项目的施工进行公开招标。

2 项目概况与招标范围

2.1 项目概况

(说明本次招标项目的建设地点、规模等)。

2.2 招标范围

〔说明本次招标项目的招标范围、标段划分（如果有）、计划工期等〕。

3 投标人资格要求

3.1 本次招标要求投标人须具备以下条件：

（1）资质条件：_____；

（2）财务要求：_____；

（3）业绩要求：_____；

（4）项目经理要求：_____；

（5）信誉要求：未处于中国长江三峡集团有限公司限制投标的专业范围及期限内；

（6）其他要求：_____。

3.2 本次招标(接受或不接受)联合体投标。联合体投标的，应满足下列要求：_____。

3.3 投标人不能作为其他投标人的分包人同时参加投标。单位负责人为同一人或者存在控股、管理关系的不同单位，不得参加同一标段投标或者未划分标段的同一招标项目投标。

3.4 各投标人均可就上述标段中的(具体数量)个标段投标。

4 招标文件的获取

4.1 招标文件发售时间为＿＿年＿＿月＿＿日＿＿时整至＿＿年＿＿月＿＿日＿＿时整（北京时间，下同）。

4.2 招标文件每标段售价＿＿＿＿＿元，售后不退。

4.3 有意向的投标人须登陆中国长江三峡集团电子采购平台（网址：http：//epp. ctg. com. cn/，以下简称"电子采购平台"，服务热线电话：010-57081008）进行免费注册成为注册供应商，在招标文件规定的发售时间内通过电子采购平台点击"报名"提交申请，并在"支付管理"模块勾选对应条目完成支付操作。潜在投标人可以选择在线支付或线下支付（银行汇款）完成标书款缴纳：

（1）在线支付（单位或个人均可）时请先选择支付银行，然后根据页面提示进行支付，支付完成后电子采购平台会根据银行扣款结果自动开放招标文件下载权限；

（2）线下支付（单位或个人均可）时须通过银行汇款将标书款汇至三峡国际招标有限责任公司的开户行：工商银行北京中环广场支行（账号：0200209519200005317）。线下支付成功后，潜在投标人须再次登陆电子采购平台，依次填写支付信息、上传汇款底单并保存提交，招标代理机构工作人员核对标书款到账情况后开放下载权限。

4.4 若超过招标文件发售截止时间则不能在电子采购平台相应标段点击"报名"，将不能获取未报名标段的招标文件，也不能参与相应标段的投标，未及时按照规定在电子采购平台报名的后果，由投标人自行承担。

5 电子身份认证

投标文件的网上提交需要使用电子钥匙（CA）加密后上传至本电子采购平台（标书购买阶段不需使用 CA 电子钥匙）。本电子采购平台的相关电子钥匙（CA）须在北京天威诚信电子商务服务有限公司指定网站办理（网址：http：//sanxia. szzsfw. com/，服务热线电话：010-64134583），请潜在投标人及时办理，以免影响投标，由于未及时办理 CA 影响投标的后果，由投标人自行承担。

6 投标文件的递交

6.1 投标文件递交的截止时间（投标截止时间，下同）为＿＿年＿＿月＿＿日＿＿时整。本次投标文件的递交分现场递交和网上提交，现场递交的地点为＿＿＿＿＿；网上提交的投标文件应在投标截止时间前上传至电子采购平台。

6.2　在投标截止时间前，现场递交的投标文件未送达到指定地点或者网上提交的投标文件未成功上传至电子采购平台的，招标人不予受理。

7　发布公告的媒介

本次招标公告同时在中国招标投标公共服务平台（http：//www.cebpubservice.com）、中国长江三峡集团有限公司电子采购平台（http：//epp.ctg.com.cn）、三峡国际招标有限责任公司网站（www.tgtiis.com）上发布。

8　联系方式

招标　人：＿＿＿＿＿＿＿＿＿　　　招标代理机构：＿＿＿＿＿＿＿＿＿

地　　址：＿＿＿＿＿＿＿＿＿　　　地　　　址：＿＿＿＿＿＿＿＿＿

邮　　编：＿＿＿＿＿＿＿＿＿　　　邮　　　编：＿＿＿＿＿＿＿＿＿

联系人：＿＿＿＿＿＿＿＿＿　　　联系人：＿＿＿＿＿＿＿＿＿

电　　话：＿＿＿＿＿＿＿＿＿　　　电　　　话：＿＿＿＿＿＿＿＿＿

传　　真：＿＿＿＿＿＿＿＿＿　　　传　　　真：＿＿＿＿＿＿＿＿＿

电子邮箱：＿＿＿＿＿＿＿＿＿　　　电子邮箱：＿＿＿＿＿＿＿＿＿

招标采购监督：＿＿＿＿＿＿＿＿＿

联系人：＿＿＿＿＿＿＿＿＿

电　　话：＿＿＿＿＿＿＿＿＿

传　　真：＿＿＿＿＿＿＿＿＿

＿＿＿＿年＿＿＿月＿＿＿日

第一章　投标邀请书（适用于邀请招标）

＿＿＿＿＿＿＿＿（项目名称及标段）施工投标邀请书

招标编号：＿＿＿＿＿

（被邀请单位名称）：＿＿＿＿＿＿＿

1　招标条件

本招标项目(项目名称及标段)已获批准建设，建设资金来自(资金来源)，招标人为中国长江三峡集团有限公司，招标代理机构为三峡国际招标有限责任公司。项目已具备招标条件，现邀请你单位参加(项目名称及标段)施工投标。

2　项目概况与招标范围

2.1　项目概况

（说明本次招标项目的建设地点、规模等）。

2.2　招标范围

（说明本次招标项目的招标范围、标段划分（如果有）、计划工期等）。

3　投标人资格要求

3.1　本次招标要求投标人须具备以下条件：

(1) 资质条件：＿＿＿＿＿＿＿＿＿＿；

(2) 财务要求：＿＿＿＿＿＿＿＿＿＿；

(3) 业绩要求：＿＿＿＿＿＿＿＿＿＿；

(4) 项目经理要求：＿＿＿＿＿＿＿；

(5) 信誉要求：未处于中国长江三峡集团有限公司限制投标的专业范围及期限内；

(6) 其他要求：＿＿＿＿＿＿＿＿＿。

3.2　你单位(可以或不可以)组成联合体投标。联合体投标的，应满足下列要求：

＿＿＿＿＿＿＿＿＿＿＿＿＿＿。

3.3　投标人不能作为其他投标人的分包人同时参加投标。单位负责人为同一人或者存在控股、管理关系的不同单位，不得参加同一标段投标或者未划分标段的同一招标项目投标。

4 招标文件的获取

4.1 招标文件发售时间为____年____月____日____时整至____年____月____日____时整（北京时间，下同）。

4.2 招标文件每标段售价_____元，售后不退。

4.3 有意向的投标人须登陆中国长江三峡集团电子采购平台（网址：http：//epp.ctg.com.cn/，以下简称"电子采购平台"，服务热线电话：010-57081008）进行免费注册成为注册供应商，在招标文件规定的发售时间内通过电子采购平台点击"报名"提交申请，并在"支付管理"模块勾选对应条目完成支付操作。潜在投标人可以选择在线支付或线下支付（银行汇款）完成标书款缴纳：

（1）在线支付（单位或个人均可）时请先选择支付银行，然后根据页面提示进行支付，支付完成后电子采购平台会根据银行扣款结果自动开放招标文件下载权限；

（2）线下支付（单位或个人均可）时须通过银行汇款将标书款汇至三峡国际招标有限责任公司的开户行：工商银行北京中环广场支行（账号：0200209519200005317）。线下支付成功后，潜在投标人须再次登陆电子采购平台，依次填写支付信息、上传汇款底单并保存提交，招标代理机构工作人员核对标书款到账情况后开放下载权限。

4.4 若超过招标文件发售截止时间则不能在电子采购平台相应标段点击"报名"，将不能获取未报名标段的招标文件，也不能参与相应标段的投标，未及时按照规定在电子采购平台报名的后果，由投标人自行承担。

5 电子身份认证

投标文件的网上提交需要使用电子钥匙（CA）加密后上传至本电子采购平台（标书购买阶段不需使用 CA 电子钥匙）。本电子采购平台的相关电子钥匙（CA）须在北京天威诚信电子商务服务有限公司指定网站办理（网址：http：//sanxia.szzsfw.com/，服务热线电话：010-64134583），请潜在投标人及时办理，以免影响投标，由于未及时办理 CA 影响投标的后果，由投标人自行承担。

6 投标文件的递交

6.1 投标文件递交的截止时间（投标截止时间，下同）为____年____月____日____时整。本次投标文件的递交分现场递交和网上提交，现场递交的地点为_____；网上提交的投标文件应在投标截止时间前上传至电子采购平台。

6.2 在投标截止时间前，现场递交的投标文件未送达到指定地点或者网上提交的投标文件未成功上传至电子采购平台的，招标人不予受理。

7 确认

你单位收到本投标邀请书后，请于＿＿年＿＿月＿＿日＿＿时整前以传真或电子邮件方式予以确认。

8 联系方式

招 标 人：＿＿＿＿＿＿＿＿＿＿＿＿＿＿＿ 招标代理机构：＿＿＿＿＿＿＿＿＿＿＿＿

地　　址：＿＿＿＿＿＿＿＿＿＿＿＿＿＿＿ 地　　址：＿＿＿＿＿＿＿＿＿＿＿＿

邮　　编：＿＿＿＿＿＿＿＿＿＿＿＿＿＿＿ 邮　　编：＿＿＿＿＿＿＿＿＿＿＿＿

联 系 人：＿＿＿＿＿＿＿＿＿＿＿＿＿＿＿ 联 系 人：＿＿＿＿＿＿＿＿＿＿＿＿

电　　话：＿＿＿＿＿＿＿＿＿＿＿＿＿＿＿ 电　　话：＿＿＿＿＿＿＿＿＿＿＿＿

传　　真：＿＿＿＿＿＿＿＿＿＿＿＿＿＿＿ 传　　真：＿＿＿＿＿＿＿＿＿＿＿＿

电子邮箱：＿＿＿＿＿＿＿＿＿＿＿＿＿＿＿ 电子邮箱：＿＿＿＿＿＿＿＿＿＿＿＿

招标采购监督：＿＿＿＿＿＿＿＿＿＿＿

联 系 人：＿＿＿＿＿＿＿＿＿＿＿

电　　话：＿＿＿＿＿＿＿＿＿＿＿

传　　真：＿＿＿＿＿＿＿＿＿＿＿

＿＿＿＿年＿＿＿＿月＿＿＿＿日

第一章 投标邀请书（代资格预审通过通知书）

（项目名称及标段）施工投标邀请书

（被邀请单位名称）：＿＿＿＿＿＿＿

你单位已通过资格预审，现邀请你单位按招标文件规定的内容，参加(项目名称及标段)施工投标。

请你单位于＿＿年＿＿月＿＿日＿＿时整至＿＿年＿＿月＿＿日＿＿时整（北京时间，下同）购买招标文件。

招标文件每标段售价＿＿＿＿＿元，售后不退。

请登陆中国长江三峡集团电子采购平台（网址：http：//epp.ctg.com.cn/，以下简称"电子采购平台"，服务热线电话：010-57081008）进行免费注册成为注册供应商，在招标文件规定的发售时间内通过电子采购平台点击"报名"提交申请，并在"支付管理"模块勾选对应条目完成支付操作。潜在投标人可以选择在线支付或线下支付（银行汇款）完成标书款缴纳：

（1）在线支付（单位或个人均可）时请先选择支付银行，然后根据页面提示进行支付，支付完成后电子采购平台会根据银行扣款结果自动开放招标文件下载权限；

（2）线下支付（单位或个人均可）时须通过银行汇款将标书款汇至三峡国际招标有限责任公司的开户行：工商银行北京中环广场支行（账号：0200209519200005317）。线下支付成功后，潜在投标人须再次登陆电子采购平台，依次填写支付信息、上传汇款底单并保存提交，招标代理机构工作人员核对标书款到账情况后开放下载权限。

若超过招标文件发售截止时间则不能在电子采购平台相应标段点击"报名"，将不能获取未报名标段的招标文件，也不能参与相应标段的投标，由于未及时通过规定的平台报名的后果，由投标人自行承担。

投标文件递交的截止时间（投标截止时间，下同）为＿＿年＿＿月＿＿日＿＿时整。本次投标文件的递交分现场递交和网上提交，现场递交的地点为＿＿＿＿＿；网上提交的投标文件应在投标截止时间前上传至电子采购平台。

在投标截止时间前，现场递交的投标文件未送达到指定地点或者网上提交的投标文件未成功上传至电子采购平台的，招标人不予受理。

你单位收到本投标邀请书后，请于____年____月____日____时整前以传真或电子邮件方式予以确认。

招　标　人：＿＿＿＿＿＿＿＿＿＿＿　　招标代理机构：＿＿＿＿＿＿＿＿＿＿

地　　　址：＿＿＿＿＿＿＿＿＿＿＿　　地　　　址：＿＿＿＿＿＿＿＿＿＿

邮　　　编：＿＿＿＿＿＿＿＿＿＿＿　　邮　　　编：＿＿＿＿＿＿＿＿＿＿

联　系　人：＿＿＿＿＿＿＿＿＿＿＿　　联　系　人：＿＿＿＿＿＿＿＿＿＿

电　　　话：＿＿＿＿＿＿＿＿＿＿＿　　电　　　话：＿＿＿＿＿＿＿＿＿＿

传　　　真：＿＿＿＿＿＿＿＿＿＿＿　　传　　　真：＿＿＿＿＿＿＿＿＿＿

电子邮箱：＿＿＿＿＿＿＿＿＿＿＿　　电子邮箱：＿＿＿＿＿＿＿＿＿＿

招标采购监督：＿＿＿＿＿＿＿＿＿＿

联　系　人：＿＿＿＿＿＿＿＿＿＿＿

电　　　话：＿＿＿＿＿＿＿＿＿＿＿

传　　　真：＿＿＿＿＿＿＿＿＿＿＿

＿＿＿＿年＿＿＿＿月＿＿＿＿日

附表　集中招标项目资格条件汇总表（格式）

序号	标段编号	标段名称	招标范围	资格条件要求	标书款金额	保证金金额	备注

第二章 投标人须知

投标人须知前附表

条款号	条款名称	编列内容
1.1.2	招标人	名称：_____ 地址：_____ 联系人：_____ 电话：_____ 电子邮箱：_____
1.1.3	招标代理机构	名称：三峡国际招标有限责任公司 地址：_____ 联系人：_____ 电话：_____ 电子邮箱：_____
1.1.4	项目名称及标段	
1.1.5	建设地点	
1.2.1	资金来源	
1.2.2	出资比例	
1.2.3	资金落实情况	
1.3.1	招标范围	关于招标范围的详细说明见第七章"技术标准和要求"。
1.3.2	计划工期	计划工期：_____日历天 计划开工日期：____年___月___日 计划完工日期：____年___月___日 除上述总工期外，发包人还要求以下区段工期：_____ 有关工期的详细要求见第七章"技术标准和要求"。
1.3.3	质量要求	质量标准：_____ 关于质量要求的详细说明见第七章"技术标准和要求"。
1.4.1	投标人资质条件、能力和信誉	资质条件：_____ 财务要求：_____ 业绩要求：_____ 项目经理要求：_____ 信誉要求：_____ 其他要求：_____

续表

条款号	条款名称	编列内容
1.4.2	是否接受联合体投标	□不接受 □接受，应满足下列要求： 联合体资质按照联合体协议约定的分工认定。
1.5	费用承担	其中中标服务费： □由中标人向招标代理机构支付，适用于本须知 1.5 款工程类招标收费标准。 □其他方式：_____
1.9.1	踏勘现场	□不组织 □组织，踏勘时间：_____ 踏勘集中地点：_____
1.10.1	投标预备会	□不召开 □召开，召开时间：_____ 召开地点：_____
1.10.2	投标人提出问题的截止时间	投标预备会____天前
1.10.3	招标人书面澄清的时间	投标截止日期____天前
1.11	分包	□不允许 □允许，分包内容要求：_____ 分包金额要求：_____ 接受分包的第三人资质要求：_____
1.12	偏离	□不允许 □允许，偏离范围：_____ 偏离幅度：_____
2.2.1	投标人要求澄清招标文件的截止时间	投标截止日期____天前
2.2.2	投标截止时间	____年____月____日____时整
2.2.3	投标人确认收到招标文件澄清的时间	在收到相应澄清文件后24 小时内
2.3.2	投标人确认收到招标文件修改的时间	在收到相应修改文件后24 小时内
3.1.1	构成投标文件的其他材料	
3.2.3	最高投标限价或其计算方法	
3.3.1	投标有效期	自投标截止之日起____天
3.4.1	投标保证金	□不要求递交投标保证金 ☑要求递交投标保证金 投标文件应附上一份符合招标文件规定的投标保证金，金额为人民币15 万元/标段。 **1. 递交形式** 银行电汇、银行转账或在线支付，不接受银行汇票、支票或现钞等其他方式。 **2. 递交办法** **2.1 在线支付或线下缴纳** 潜在投标人须登录电子采购平台，于投标截止时间前在"投标管理—投标"菜单中选择项目并点击"支付保证金"，并在"支付管理"模块勾选对应条目完成支付操作。潜在投标人可以选择在线支付或线下支付进行缴纳： （1）在线支付（通过"B2B"即企业银行对公支付）保证金时，请根据页面提示选择支付银行进行支付；

条款号	条款名称	编列内容
3.4.1	投标保证金	（2）线下支付投标保证金时，潜在投标人须通过银行汇款至招标代理机构，汇款成功后，再次登录电子采购平台，依次填写支付信息、上传汇款底单并保存提交。 **2.2 银行保函** 潜在投标人须开具有效的银行保函，登录电子采购平台，在线下支付付款方式中选"保函"，并上传银行保函彩色扫描件。 **3. 递交时间** 潜在投标人选择在线支付方式缴纳投标保证金时，须确保在投标截止时间前投标保证金被扣款成功，否则其投标文件将被否决；选择线下支付缴纳投标保证金时，在投标截止时间前，投标保证金须成功汇至到招标代理机构银行账户上，否则其投标文件将被否决；选择银行保函作为投标保证金时，在投标截止时间前，银行保函原件必须随纸质投标文件一起递交招标代理机构，否则其投标将被否决。 **4. 退还信息** 《投标保证金退还信息及中标服务费交纳承诺书》原件应单独密封，并在封面注明"投标保证金退还信息"，随投标文件一同递交。 **5. 收款信息** 开户银行：工商银行北京中环广场支行 账号：0200209519200005317 行号：20956 开户名称：三峡国际招标有限责任公司 汇款用途：BZJ
3.4.3	投标保证金的退还	**1. 在线支付或线下支付** 未中标的投标人的投标保证金，将在中标人和招标人书面合同签订后 5 日内予以退还，并同时退还投标保证金利息；中标人的投标保证金将在合同签订并提供履约担保后 5 日内，由招标代理机构直接扣付中标服务费后多退少补。 投标保证金利息按收取保证金之日的中国人民银行同期活期存款利率计息，遇利率调整不分段计息。存款利息计算时，本金以"元"为起息点，利息的金额也算至元位，元位以下四舍五入。按投标保证金存放期间计算利息，存放期间一律算头不算尾，即从开标日起算至退还之日前一天止；全年按 360 天，每月均按 30 天计算。 **2. 银行保函** 未中标投标人的银行保函，将在中标人和招标人签订书面合同后 5 日内退还；中标人的银行保函将在在中标人和招标人签订书面合同、提供履约担保（如招标文件有要求）且支付中标服务费后 5 日内退还。
3.5.2	近年财务状况的年份要求	___年至___年
3.5.3	近年完成的类似项目的年份要求	___年___月___日至___年___月___日
3.5.5	近年发生的诉讼及仲裁情况的年份要求	___年___月___日至___年___月___日

续表

条款号	条款名称	编列内容
3.5.7	证明满足其他资格条件所需的证明材料	应提供以下证明材料：_____
3.5.8	资格审查时提供原件	□不需要 □需要，包括以下原件：_____
3.6	是否允许递交备选投标方案	□不允许 □允许
3.7.3	现场递交投标文件份数	现场递交纸质投标文件正本 1 份、副本____份和电子版____份（U 盘）。
3.7.4	纸质投标文件签字或盖章要求	按招标文件第八章"投标文件格式"要求，签字或盖章
3.7.5	纸质投标文件装订要求	装订应牢固、不易拆散和换页，不得采用活页装订
3.7.6	现场递交投标文件电子版（U 盘）要求	投标报价应使用.xlsx 进行编制，其他部分的电子版文件可用.docx、.xlsx 或 PDF 等格式进行编制
3.7.7	网上提交的电子投标文件格式	第八章"投标文件格式"中的投标函和授权委托书采用签字盖章后的彩色扫描件；其他部分的电子版文件应采用.docx、.xlsx 或 PDF 格式进行编制
4.1.2	封套上写明	项目名称及标段：_____ 招标编号：_____ 投标人名称：_____ 在____年____月____日____时整前不得开启
4.2	投标文件的递交	本条款补充内容如下： 投标文件分为网上提交和现场递交两部分。 （1）网上提交 应按照中国长江三峡集团有限公司电子采购平台（以下简称"电子采购平台"）的要求将编制好的文件加密后上传至电子采购平台（具体操作方法详见＜http：//epp.ctg.com.cn＞网站中"使用指南"）。 （2）现场递交 投标人应将纸质投标文件的正本、副本、电子版、投标保证金退还信息和投标保证金银行保函原件（如有）分别密封递交。纸质版、电子版应包含投标文件的全部内容。
4.2.2	投标文件网上提交	网上提交：中国长江三峡集团有限公司电子采购平台（http://epp.ctg.com.cn/）（1）电子采购平台提供了投标文件各部分内容的上传通道，其中："投标保证金支付凭证"应上传投标保证金汇款凭证，"投标保证金退还信息、中标服务费交纳承诺书"以及银行保函（如有）彩色扫描件；"评标因素应答对比表"本项目不适用。（2）电子采购平台中的"商务文件"（2 个通道）、"技术文件"（2 个通道）、"投标报价文件"（1 个通道）和"其他文件"（1 个通道），每个通道最大上传文件容量为 100M。商务文件、技术文件超过最大上传容量时，投标人可将资格审查资料、图纸文件从"其他文件"通道进行上传；若容量仍不能满足，则将未上传的部分在投标文件"十、构成投标文件的其他材料"中进行说明，并将未上传部分包含在现场递交的电子文件中。
4.2.3	投标文件现场递交地点	现场递交至：_____
4.2.4	是否退还投标文件	□否 □是

续表

条款号	条款名称	编列内容
5.1	开标时间和地点	开标时间：同投标截止时间 开标地点：同投标文件现场递交地点
7.2	中标候选人公示	招标人在中国招标投标公共服务平台（http：//www．ceb-pubservice．com）、中国长江三峡集团有限公司电子采购平台（http：//epp.ctg.com.cn/）网站上公示中标候选人，公示期3个工作日。
7.4.1	履约担保	履约担保的形式：银行保函或保证金 履约担保的金额：签约合同价的＿＿％ 开具履约担保的银行：须招标人认可，否则视为投标人未按招标文件规定提交履约担保，投标保证金将不予退还。 （注：300万元及以上的工程类合同，签订前必须提供履约担保；300万元以下的工程类合同，可按项目实际情况明确是否需要履约担保）
10		需要补充的其他内容
10.1	中标人是否应向招标人提交工人工资保证金	□否 是。投标文件应包括工人工资保证金的承诺函。在签订合同前，中标人应向招标人提交工人工资保证金。金额为＿＿万元。全部工程完工验收后＿＿个月内无拖欠工人工资状况，则无息退还。
10.2	知识产权	构成本招标文件各个组成部分的文件，未经招标人书面同意，投标人不得擅自复印和用于非本招标项目所需的其他目的。招标人全部或者部分使用未中标人投标文件中的技术成果或技术方案时，需征得其书面同意，并不得擅自复印或提供给第三人。
10.3	电子注册	投标人应登陆中国长江三峡集团有限公司电子采购平台（http：//epp.ctg.com.cn）进行免费注册。 未进行注册的投标人，将无法参加投标报名并获取进一步的信息。 本项目投标文件的网上提交部分需要使用电子身份认证（CA）加密后上传至电子采购平台（标书购买阶段不需使用电子钥匙），本电子采购平台的相关电子身份认证（CA）须在北京天威诚信电子商务服务有限公司指定网站办理（网址是：http：//sanxia.szzsfw.com）。请潜在投标人及时办理，并在投标截止时间至少3前确认电子钥匙的使用可靠性，未办理及确认导致的后果，由投标人自行承担。具体办理方法：一、请登陆电子采购平台（http：//epp.ctg.com.cn/）在右侧点击"使用指南"，之后点击"CA电子钥匙办理指南V1.1"，下载PDF文件后查看办理方法；二、请直接登陆指定网站（http：//sanxia.szzsfw.com），点击右上角用户注册，注册用户名及密码，之后点击"立即开始数字证书申请"，按照引导流程完成办理。（温馨提示：电子钥匙办理完成网上流程后需快递资料，办理周期从快递到件计算5个工作日完成。已办理电子钥匙的请核对有效期，必要时及时办理延期！）

条款号	条款名称	编列内容
10.4	投标人须遵守的国家法律法规和规章，及中国长江三峡集团有限公司相关管理制度和标准	
10.4.1	国家法律法规和规章	投标人在投标活动中须遵守包括但不限于以下法律法规和规章： （1）《中华人民共和国合同法》 （2）《中华人民共和国民法通则》 （3）《中华人民共和国招标投标法》 （4）《中华人民共和国招标投标法实施条例》 （5）《工程建设项目施工招标投标办法》（国家 7 部委第 30 号令） （6）《工程建设项目招标投标活动投诉处理办法》（国家发展改革委等 7 部门令第 11 号） （7）《关于废止和修改部分招标投标规章和规范性文件的决定》（国家发展改革委等 9 部门令第 23 号）
10.4.2	中国长江三峡集团有限公司相关管理制度	投标人在投标活动中须遵守以下中国长江三峡集团有限公司相关管理制度： （1）《中国长江三峡集团有限公司供应商信用评价管理办法》 （2）中国长江三峡集团有限公司供应商信用评价结果的有关通知［登陆中国长江三峡集团有限公司电子采购平台（http://epp.ctg.com.cn）后点击"通知通告"］
10.4.3	中国长江三峡集团有限公司相关企业标准	三峡企业标准：＿＿＿＿＿＿＿＿＿ 查阅网址：＿＿＿＿＿＿＿＿＿
10.5	投标人和其他利害关系人认为本次招标活动中涉及个人违反廉洁自律规定的，可通过招标公告中的招标采购监督电话等方式举报	

1 总则

1.1 项目概况

1.1.1 根据《中华人民共和国招标投标法》等有关法律、法规和规章的规定，本招标项目已具备招标条件，现对本招标项目施工进行招标。

1.1.2 本招标项目招标人：见投标人须知前附表。

1.1.3 本招标项目招标代理机构：见投标人须知前附表。

1.1.4 本招标项目名称及标段：见投标人须知前附表。

1.1.5 本招标项目建设地点：见投标人须知前附表。

1.2 资金来源和落实情况

1.2.1 本招标项目的资金来源：见投标人须知前附表。

1.2.2 本招标项目的出资比例：见投标人须知前附表。

1.2.3 本招标项目的资金落实情况：见投标人须知前附表。

1.3　招标范围、计划工期和质量要求

1.3.1　本次招标范围：见投标人须知前附表。

1.3.2　本招标项目的计划工期：见投标人须知前附表。

1.3.3　本招标项目的质量要求：见投标人须知前附表。

1.4　投标人资格要求（适用于已进行资格预审的）

投标人应是收到招标人发出投标邀请书的单位。

1.4　投标人资格要求（适用于未进行资格预审的）

1.4.1　投标人应具备承担本标段施工的资质条件、能力和信誉。相关资格要求如下：

（1）资质条件：见投标人须知前附表；

（2）财务要求：见投标人须知前附表；

（3）业绩要求：见投标人须知前附表；

（4）项目经理要求：见投标人须知前附表；

（5）信誉要求：见投标人须知前附表；

（6）其他要求：见投标人须知前附表。

1.4.2　投标人须知前附表规定接受联合体投标的，除应符合本章第 1.4.1 项和投标人须知前附表的要求外，还应遵守以下规定：

（1）联合体各方应按招标文件提供的格式签订联合体协议书，明确联合体牵头人和各成员方的权利义务；

（2）由同一专业的单位组成的联合体，按照资质等级较低的单位确定联合体的资质等级；

（3）联合体各方不得再以自己名义单独或参加其他联合体在同一标段中投标。

1.4.3　投标人不得存在下列情形之一：

（1）为招标人不具有独立法人资格的附属机构（单位）；

（2）为本招标项目前期准备提供设计或咨询服务的，但设计施工总承包的除外；

（3）为本招标项目的监理人；

（4）为本招标项目的代建人；

（5）为本招标项目提供招标代理服务的；

（6）与本招标项目的监理人或代建人或招标代理机构同为一个法定代表人的；

（7）与本招标项目的监理人或代建人或招标代理机构相互控股或参股的；

（8）与本招标项目的监理人或代建人或招标代理机构相互任职或工作的；

（9）被责令停业的；

（10）被暂停或取消投标资格的；

（11）财产被接管或冻结的；

（12）在最近三年内有骗取中标或严重违约或重大工程质量问题的；

（13）投标人处于中国长江三峡集团有限公司限制投标的专业范围及期限内。

1.4.4 投标人不能作为其他投标人的分包人同时参加投标。单位负责人为同一人或者存在控股、管理关系的不同单位，不得参加同一标段投标或者未划分标段的同一招标项目投标。

1.5 费用承担

投标人在本次投标过程中所发生的一切费用，不论中标与否，均由投标人自行承担，招标人和招标代理机构在任何情况下均无义务和责任承担这些费用。本项目招标工作由三峡国际招标有限责任公司作为招标代理机构负责组织，中标服务费用由中标人向招标代理机构支付，具体金额按照表1-1（中标服务费收费标准）计算执行。投标人投标报价中应包含拟支付给招标代理机构的中标服务费，该费用在投标报价表中不单独出项。收费类型见投标人须知前附表。

中标服务费在合同签订后5日内，由招标代理机构直接从中标人的投标保证金中扣付。投标保证金不足以支付中标服务费时，中标人应补足差额。招标代理机构收取中标服务费后，向中标人开具相应金额的服务费发票。

表1-1 中标服务费收费标准

中标金额（万元）	工程类招标费率	货物类招标费率	服务类招标费率
100 以下	1.00％	1.50％	1.50％
100～500	0.70％	1.10％	0.80％
500～1000	0.55％	0.80％	0.45％
1000～5000	0.35％	0.50％	0.25％
5000～10000	0.20％	0.25％	0.10％
10000～50000	0.05％	0.05％	0.05％
50000～100000	0.035％	0.035％	0.035％
100000～500000	0.008％	0.008％	0.008％
500000～1000000	0.006％	0.006％	0.006％
1000000 以上	0.004％	0.004％	0.004％

注：中标服务费按差额定率累进法计算。例如：某工程类招标代理业务中标金额为900万元，计算招标代理服务收费额如下：

100×1.0％＝1.0万元

（500－100）×0.7％＝2.8万元

（900－500）×0.55％＝2.2万元

合计收费＝1.0＋2.8＋2.2＝6万元

1.6 保密

参与招标投标活动的各方应对招标文件和投标文件中的商业和技术等秘密保密，

违者应对由此造成的后果承担法律责任。

1.7　语言文字

除专用术语外，与招标投标有关的语言均使用中文。必要时专用术语应附有中文注释。

1.8　计量单位

所有计量均采用中华人民共和国法定计量单位。

1.9　踏勘现场

1.9.1　投标人须知前附表规定组织踏勘现场的，招标人按投标人须知前附表规定的时间、地点组织投标人踏勘项目现场。

1.9.2　投标人踏勘现场发生的费用自理。

1.9.3　除招标人的原因外，投标人自行负责在踏勘现场中所发生的人员伤亡和财产损失。

1.9.4　招标人在踏勘现场中介绍的工程场地和相关的周边环境情况，供投标人在编制投标文件时参考，招标人不对投标人据此作出的判断和决策负责。

1.10　投标预备会

1.10.1　投标人须知前附表规定召开投标预备会的，招标人按投标人须知前附表规定的时间和地点召开投标预备会，澄清投标人提出的问题。

1.10.2　投标人应在投标人须知前附表规定的时间前，在电子采购平台上以电子文件的形式将提出的问题送达招标人，以便招标人在会议期间澄清。

1.10.3　投标预备会后，招标人在投标人须知前附表规定的时间内，将对投标人所提问题的澄清，在电子采购平台上以电子文件的形式通知所有购买招标文件的投标人。该澄清内容为招标文件的组成部分。

1.11　分包

投标人拟在中标后将中标项目的部分非主体、非关键性工作进行分包的，应符合投标人须知前附表规定的分包内容、分包金额和接受分包的第三人资质要求等限制性条件。

1.12　偏离

投标人须知前附表允许投标文件偏离招标文件某些要求的，偏离应当符合招标文件规定的偏离范围和幅度。

2　招标文件

2.1　招标文件的组成

2.1.1　本招标文件包括：

第一章　招标公告/投标邀请书；

第二章　投标人须知；

第三章　评标办法；

第四章　合同条款及格式；

第五章　工程量清单；

第六章　图纸；

第七章　技术标准和要求；

第八章　投标文件格式。

2.1.2　根据本章第 1.10 款、第 2.2 款和第 2.3 款对招标文件所作的澄清、修改，构成招标文件的组成部分。

2.2　招标文件的澄清

2.2.1　投标人应仔细阅读和检查招标文件的全部内容。如发现缺页或附件不全，应及时向招标人提出，以便补齐。如有疑问，应在投标人须知前附表规定的时间前在电子采购平台上以电子文件形式，要求招标人对招标文件予以澄清。

2.2.2　招标文件的澄清将在投标人须知前附表规定的投标截止时间 15 天前在电子采购平台上以电子文件形式发给所有购买招标文件的投标人，但不指明澄清问题的来源。如果澄清发出的时间距投标截止时间不足 15 天，并且澄清内容影响投标文件编制的，招标人相应延长投标截止时间。

2.2.3　投标人在收到澄清后，应在投标人须知前附表规定的时间内以书面形式通知招标人，确认已收到该澄清。未及时确认的，将根据电子采购平台下载记录默认潜在投标人已收到该澄清文件。

2.3　招标文件的修改

2.3.1　在投标截止时间 15 天前，招标人在电子采购平台上以电子文件形式修改招标文件，并通知所有已购买招标文件的投标人。如果修改招标文件的时间距投标截止时间不足 15 天，并且修改内容影响投标文件编制的，招标人相应延长投标截止时间。

2.3.2　投标人收到修改内容后，应在投标人须知前附表规定的时间内以书面形式通知招标人，确认已收到该修改。未及时确认的，将根据电子采购平台下载记录默认潜在投标人已收到该修改文件。

2.4　对招标文件的异议

2.4.1　潜在投标人或者其他利害关系人对招标文件及其修改和补充文件有异议的，应在投标截止时间 10 日前提出。

2.4.2　对招标文件及其修改和补充文件的异议由招标代理机构受理。具体要求见 9.5 规定。

3 投标文件

3.1 投标文件的组成

3.1.1 投标文件应包括下列内容：

（1）投标函及投标函附录；

（2）授权委托书、法定代表人身份证明；

（3）联合体协议书；

（4）投标保证金；

（5）已标价工程量清单；

（6）施工组织设计；

（7）项目管理机构；

（8）拟分包项目情况表；

（9）资格审查资料；

（10）构成投标文件的其他材料。

3.1.2 投标人须知前附表规定不接受联合体投标的，或投标人没有组成联合体的，投标文件不包括本章第 3.1.1（3）目所指的联合体协议书。

3.2 投标报价

3.2.1 投标人应按第五章"工程量清单"的要求填写相应表格。

3.2.2 投标人在投标截止时间前修改投标函中的投标总报价，应同时修改第五章"工程量清单"中的相应报价，投标报价总额为各分项金额之和。此修改须符合本章第4.3款的有关要求。

3.2.3 招标人设有最高投标限价的，投标人的投标报价不得超过最高投标限价，最高投标限价或其计算方法在投标人须知前附表中载明。

3.3 投标有效期

3.3.1 在投标人须知前附表规定的投标有效期内，投标人不得要求撤销或修改其投标文件。

3.3.2 出现特殊情况需要延长投标有效期的，招标人在电子采购平台上以电子文件形式通知所有投标人延长投标有效期。投标人同意延长的，应相应延长其投标保证金的有效期，但不得要求或被允许修改或撤销其投标文件；投标人拒绝延长的，其投标失效，但投标人有权收回其投标保证金。

3.4 投标保证金

3.4.1 投标人在递交投标文件的同时，应按投标人须知前附表规定的金额、担保形式和第八章"投标文件格式"规定的投标保证金格式递交投标保证金，并作为其投标文件的组成部分。联合体投标的，其投标保证金由牵头人递交，并应符合投标人须知前附表的规定。

3.4.2 投标人不按本章第3.4.1项要求提交投标保证金的，其投标将被否决。

3.4.3 招标代理机构按投标人须知前附表的规定退还投标保证金。

3.4.4 有下列情形之一的，投标保证金将不予退还：

（1）投标人在规定的投标有效期内撤销或修改其投标文件；

（2）中标人在收到中标通知书后，无正当理由拒签合同协议书或未按招标文件规定提交履约担保。

3.5 资格审查资料（适用于已进行资格预审的）

投标人在编制投标文件时，应按新情况更新或补充其在申请资格预审时提供的资料，以证实其各项资格条件仍能继续满足资格预审文件的要求，具备承担本招标项目施工的资质条件、能力和信誉。

3.5 资格审查资料（适用于未进行资格预审的）

3.5.1 "投标人基本情况表"应附投标人企业法人营业执照副本（全本）的扫描件、资质证书副本和安全生产许可证等材料的扫描件。

3.5.2 "近年财务状况表"应附经会计师事务所或审计机构审计的财务会计报表，包括资产负债表、现金流量表、利润表和财务情况说明书的扫描件，具体年份要求见投标人须知前附表。

3.5.3 "近年完成的类似项目情况表"应附中标通知书和（或）合同协议书、工程接收证书（工程竣工验收证书）的扫描件，具体年份要求见投标人须知前附表。每张表格只填写一个项目，并标明序号。

3.5.4 "正在施工和新承接的项目情况表"应附中标通知书和（或）合同协议书扫描件。每张表格只填写一个项目，并标明序号。

3.5.5 "近年发生的诉讼及仲裁情况"应说明相关情况，并附法院或仲裁机构作出的判决、裁决等有关法律文书扫描件，具体年份要求见投标人须知前附表。

3.5.6 投标人须知前附表规定接受联合体投标的，本章第3.5.1项至第3.5.5项规定的表格和资料应包括联合体各方相关情况。

3.5.7 证明满足其他资格条件所需的证明材料，包括通过质量、安全、环保认证材料，相关人员的资格证明文件，近三年企业注册地检察机关或相关单位开具的投标人和投标人的法定代表人以及拟任项目经理（如有）无犯罪记录的告知函（如有要求）等。具体要求见投标人须知前附表。

3.5.8 资格审查时需要提供原件核验的要求见投标人须知前附表。

3.6 备选投标方案

除投标人须知前附表另有规定外，投标人不得递交备选投标方案。允许投标人递交备选投标方案的，只有中标人所递交的备选投标方案方可予以考虑。评标委员会认为中标人的备选投标方案优于其按照招标文件要求编制的投标方案的，招标人可以接受该备选投标方案。

3.7 投标文件的编制

3.7.1 投标文件应按第八章"投标文件格式"进行编写，如有必要，可以增加附页，作为投标文件的组成部分。其中，投标函附录在满足招标文件实质性要求的基础上，可以提出比招标文件要求更有利于招标人的承诺。

3.7.2 投标文件应当对招标文件有关工期、投标有效期、质量要求、技术标准和要求、招标范围等实质性内容作出响应。

3.7.3 投标文件包括网上提交的电子文件和纸质文件，现场递交的投标文件电子版（U盘），具体数量要求见投标人须知前附表。

3.7.4 纸质投标文件应用不褪色的材料书写或打印，并由投标人的法定代表人或其委托代理人签字或盖单位章。委托代理人签字的，投标文件应附法定代表人签署的授权委托书。投标文件应尽量避免涂改、行间插字或删除。如果出现上述情况，改动之处应加盖单位章或由投标人的法定代表人或其委托代理人签字确认。所有投标文件均需使用阿拉伯数字从前至后逐页编码。签字或盖章的具体要求见投标人须知前附表。

3.7.5 现场递交的纸质投标文件的正本与副本应分别装订成册，具体装订要求见投标人须知前附表规定。

3.7.6 现场递交的投标文件电子版（U盘）应为未加密的电子文件，并应按照投标人须知前附表规定的格式进行编制。

3.7.7 网上提交的电子投标文件应按照投标人须知前附表规定格式进行编制。

4 投标

4.1 投标文件的密封和标记

4.1.1 投标文件现场递交部分应进行密封包装，并在封套的封口处加盖投标人单位章；网上提交的电子投标文件应加密后递交。

4.1.2 投标文件现场递交部分的封套上应写明的内容见投标人须知前附表。

4.1.3 未按本章第4.1.1项或第4.1.2项要求密封和加写标记的投标文件，招标人不予受理。

4.2 投标文件的递交

4.2.1 投标人应在投标人须知前附表规定的投标截止时间前分别在网上提交和现场递

交投标文件。

4.2.2　投标文件网上提交：投标人应按照投标人须知前附表要求将编制好的投标文件加密后上传至电子采购平台（具体操作方法详见＜http：//epp.ctg.com.cn＞网站中"使用指南"）。

4.2.3　投标人现场递交投标文件（包括纸质版和电子版）的地点：见投标人须知前附表。

4.2.4　除投标人须知前附表另有规定外，投标人所递交的投标文件不予退还。

4.2.5　在投标截止时间前，现场递交的投标文件未送达到指定地点或者网上提交的投标文件未成功上传至电子采购平台的，招标人将不予受理。

4.3　投标文件的修改与撤回

4.3.1　在本章第 2.2.2 项规定的投标截止时间前，投标人可以修改或撤回已递交的投标文件。

4.3.2　投标人如要修改投标文件，必须在修改后再重新上传电子文件；现场递交的投标文件相应修改。

4.3.3　修改的内容为投标文件的组成部分。修改的投标文件应按照本章第 3 条、第 4 条规定进行编制、密封、标记和递交，并标明"修改"字样。

4.3.4　投标人撤回投标文件的，招标人自收到投标人书面撤回通知之日起 5 日内退还已收取的投标保证金。

4.4　投标文件的有效性

4.4.1　当网上提交和现场递交的投标文件内容不一致时，以网上提交的投标文件为准。

4.4.2　当现场递交的投标文件电子版与投标文件纸质版正本内容不一致时，以投标文件纸质版正本为准。

4.4.3　当电子采购平台上传的投标文件全部或部分解密失败或发生第 5.3 款紧急情形时，经监督人或公证人确认后，以投标文件纸质版正本为准。

5　开标

5.1　开标时间和地点

　　招标人在本章第 2.2.2 项规定的投标截止时间（开标时间）和投标人须知前附表规定的地点公开开标，并邀请所有投标人的法定代表人或其委托代理人参加。

5.2　开标程序（适用于电子开标）

　　招标人在规定的时间内，通过电子采购平台开评标系统，按下列程序进行开标：

　　（1）宣布开标程序及纪律；

（2）公布在投标截止时间前递交投标文件的投标人名称，并点名确认投标人是否派人到场；

（3）宣布开标人、监督或公证等人员姓名；

（4）由监督或公证人检查投标文件的递交及密封情况；

（5）根据检查情况，对未按招标文件要求递交纸质投标文件的投标人，或已递交了一封可接受的撤回通知函的投标人，将在电子采购平台中进行不开标设置；

（6）设有标底的，公布标底；

（7）宣布进行电子开标，显示投标总价解密情况，如发生投标总价解密失败，将对解密失败的按投标文件纸质版正本进行补录；

（8）显示开标记录表；（如果投标人电子开标总报价明显存在单位错误或数量级差别，在投标人当场提出异议后，按其纸质投标文件正本进行开标，评标时评标委员会根据其网上提交的电子投标文件进行总报价复核）

（9）公证人员宣读公证词；

（10）宣布评标期间注意事项；

（11）投标人代表等有关人员在开标记录上签字确认（有公证时，不适用）；

（12）开标结束。

5.2　开标程序（适用于纸质投标文件开标）

主持人按下列程序进行开标：

（1）宣布开标纪律；

（2）公布在投标截止时间前递交投标文件的投标人名称，并点名确认投标人是否派人到场；

（3）宣布开标人、唱标人、记录人、监督或公证等人员姓名；

（4）由监督或公证人检查投标文件的递交及密封情况；

（5）按照现场递交投标文件的顺序、逆序进行开标；

（6）设有标底的，公布标底；

（7）按照宣布的开标顺序当众开标，公布投标人名称、项目名称及标段、投标报价及其他内容，并记录在案；

（8）公证人员宣读公证词；

（9）宣布评标期间注意事项；

（10）投标人代表等有关人员在开标记录表上签字确认（有公证时，不适用）；

（11）开标结束。

5.3　电子招投标的应急措施

5.3.1　开标前出现以下情况，导致投标人不能完成网上提交电子投标文件的紧急情形，招标代理机构在开标截止时间前收到电子钥匙办理单位书面证明材料后，采用纸质投标文件正本进行报价补录。

(1) 电子钥匙非人为故意损坏；

(2) 因电子钥匙办理单位原因导致电子钥匙办理来不及补办。

5.3.2 当电子采购平台出现下列紧急情形时，采用纸质投标文件正本进行开标：

(1) 系统服务器发生故障，无法访问或无法使用系统；

(2) 系统的软件或数据库出现错误，不能进行正常操作；

(3) 系统发现有安全漏洞，有潜在的泄密危险；

(4) 病毒发作或受到外来病毒的攻击；

(5) 投标文件解密失败；

(6) 其他无法进行正常电子开标的情形。

5.4 开标异议

5.4.1 如投标人对开标过程有异议的，应在开标会议现场当场提出，招标人现场进行答复，由开标工作人员进行记录。

5.5 开标监督与结果

5.5.1 开标过程中，各投标人应在开标现场见证开标过程和开标内容，开标结束后，将在电子采购平台上公布开标记录表，投标人可在开标当日登录电子采购平台查看相关开标结果。

5.5.2 无公证情况时，不参加现场开标仪式或开标结束后拒绝在开标记录表上签字确认的投标人，视为默认开标结果。

5.5.3 未在开标时开封和宣读的投标文件，不论情况如何均不能进入下一步的评审。

6 评标

6.1 评标委员会

6.1.1 评标由招标人依法组建的评标委员会负责。评标委员会由招标人或其委托的招标代理机构熟悉相关业务的代表，以及有关技术、经济等方面的专家组成。

6.1.2 评标委员会成员有下列情形之一的，应当回避：

(1) 投标人或投标人的主要负责人的近亲属；

(2) 项目主管部门或者行政监督部门的人员；

(3) 与投标人有经济利益关系，可能影响对投标公正评审的；

(4) 曾因在招标、评标以及其他与招标投标有关活动中从事违法行为而受过行政处罚或刑事处罚的；

(5) 与投标人有其他利害关系的。

6.2　评标原则

评标活动遵循公平、公正、科学和择优的原则。

6.3　评标

评标委员会按照第三章"评标办法"规定的方法、评审因素、标准和程序对投标文件进行评审。第三章"评标办法"没有规定的方法、评审因素和标准，不作为评标依据。

7　合同授予

7.1　定标方式

招标人依据评标委员会推荐的中标候选人确定中标人。

7.2　中标候选人公示

招标人在投标人须知前附表规定的媒介公示中标候选人。

7.3　中标通知

在本章第 3.3 款规定的投标有效期内，招标人以书面形式向中标人发出中标通知书，同时将中标结果通知未中标的投标人。

7.4　履约担保

7.4.1　中标人应按投标人须知前附表规定的金额、担保形式和招标文件第四章"合同条款及格式"规定的履约担保格式及时间要求向招标人提交履约担保。联合体中标的，其履约担保由牵头人递交，并应符合投标人须知前附表规定的金额、担保形式和招标文件第四章"合同条款及格式"规定的履约担保格式要求。

7.4.2　中标人不能按本章第 7.4.1 项要求提交履约担保的，视为放弃中标，其投标保证金不予退还，给招标人造成的损失超过投标保证金数额的，中标人还应当对超过部分予以赔偿。

7.5　签订合同

7.5.1　招标人和中标人应当自中标通知书发出之日起 30 天内，根据招标文件和中标人的投标文件订立书面合同。中标人无正当理由拒签合同的，招标人取消其中标资格，其投标保证金不予退还；给招标人造成的损失超过投标保证金数额的，中标人还应当对超过部分予以赔偿。

7.5.2　发出中标通知书后，招标人无正当理由拒签合同的，招标人向中标人退还投标保证金；给中标人造成损失的，还应当赔偿损失。

8　重新招标和不再招标

8.1　重新招标

有下列情形之一的依法必须招标的项目，招标人将重新招标：

（1）投标截止时间止，投标人少于 3 个的；

（2）经评标委员会评审后否决所有投标的；

（3）国家相关法律法规规定的其他重新招标情形。

8.2 不再招标

重新招标后投标人仍少于 3 个或者所有投标被否决的，属于必须审批或核准的工程建设项目，经原审批或核准部门批准后不再进行招标。

9 纪律和监督

9.1 对招标人的纪律要求

招标人不得泄漏招标投标活动中应当保密的情况和资料，不得与投标人串通损害国家利益、社会公共利益或者他人合法权益。

9.2 对投标人的纪律要求

投标人不得相互串通投标或者与招标人串通投标，不得向招标人或者评标委员会成员行贿谋取中标，不得以他人名义投标或者以其他方式弄虚作假骗取中标；投标人不得以任何方式干扰、影响评标工作。

如果投标人存在失信行为，招标人除报告国家有关部门由其进行处罚外，招标人还将根据《中国长江三峡集团有限公司供应商信用评价管理办法》中的相关规定对其进行处理。

9.3 对评标委员会成员的纪律要求

评标委员会成员不得收受他人的财物或者其他好处，不得向他人透漏对投标文件的评审和比较、中标候选人的推荐情况以及评标有关的其他情况。在评标活动中，评标委员会成员不得擅离职守，影响评标程序正常进行，不得使用第三章"评标办法"没有规定的评审因素和标准进行评标。

9.4 对与评标活动有关的工作人员的纪律要求

与评标活动有关的工作人员不得收受他人的财物或者其他好处，不得向他人透漏对投标文件的评审和比较、中标候选人的推荐情况以及评标有关的其他情况。在评标活动中，与评标活动有关的工作人员不得擅离职守，影响评标程序正常进行。

9.5 异议处理

9.5.1 异议必须由投标人或者其他利害关系人以实名提出，在下述异议提出有效期间内以书面形式按照招标文件规定的联系方式提交给招标人。为保证正常的招标秩序，异议人须按本章第 9.5.2 项要求的内容提交异议。

（1）对招标文件及其修改和补充文件有异议的，应在投标截止时间 10 日前提出；

（2）对开标有异议的，应在开标现场提出；

（3）对中标结果有异议的，应在中标候选人公示期间提出。

9.5.2　异议书应当以书面形式提交（如为传真或者电邮，需将异议书原件同时以特快专递或者派人送达招标人），异议书应当至少包括下列内容：

（1）异议人的名称、地址及有效联系方式；

（2）异议事项的基本事实（异议事项必须具体）；

（3）相关请求及主张（主张必须明确，诉求清楚）；

（4）有效线索和相关证明材料（线索必须有效且能够查证，证明材料必须真实有效，且能够支持异议人的主张或者诉求）。

9.5.3　异议人是投标人的，异议书应由其法定代表人或授权代理人签定并盖章。异议人若是其他利害关系人，属于法人的，异议书必须由其法定代表人或授权代理人签字并盖章；属于其他组织或个人的，异议书必须由其主要负责人或异议人本人签字，并附有效身份证明扫描件。

9.5.4　招标人只对投标人或者其他利害关系人提交了合格异议书的异议事项进行处理，并于收到异议书3日内做出答复。异议书不是投标人或者其他利害关系人的提出的，异议书内容或者形式不符合第9.5.2项要求的，招标人可不受理。

9.5.5　招标人对异议事项做出处理后，异议人若无新的证据或者线索就所提异议事项再提出异议，招标人将不予受理。

9.5.6　经招标人查实，若异议人以提出异议为名进行虚假、恶意异议的，阻碍或者干扰了招标投标活动的正常进行，招标人将对异议人作出如下处理：

（1）如果异议人为投标人，将异议人的行为作为不良信誉记录在案。如果情节严重，给招标人带来重大损失的，招标人有权追究其法律责任，并要求其赔偿相应的损失，自异议处理结束之日起3年内禁止其参加招标人组织的招标活动。

（2）对其他利害关系人招标人将保留追究其法律责任的权利，并记录在案。

9.5.7　除开标外，异议人自收到异议答复之日起3日内应进行确认并反馈意见，若超过此时限，则视同异议人同意答复意见，招标及采购活动可继续进行。

9.6　投诉

投标人和其他利害关系人认为本次招标活动违反法律、法规和规章规定的，有权向有关行政监督部门投诉。

10　需要补充的其他内容

需要补充的其他内容：见投标人须知前附表。

附件一　开标记录表

_____（项目名称及标段）

开标一览表

招标编号：　　　　　　　　　　标段名称：

开标时间：　　　　　　　　　　开标地点：

序号	投标人名称	投标报价（元）	备　注
1			
2			
3			
4			
5			
6			
7			
8			
9			
……			

备注：

记录人：　　　　　　　　监督人：　　　　　　　　公证人：

附件二　问题澄清通知

致：	自：三峡国际招标有限责任公司
收件人：	发件人：
传　真：	传　真：
电　话：	电　话：

主题：项目问题澄清通知

编号：＿＿＿＿

＿＿＿＿＿＿＿＿＿＿＿＿＿＿（投标人名称）：

现将本项目评标委员会在审查贵单位投标文件后所提出的澄清问题以传真（邮件）的形式发给贵方，请贵方在收到该问题清单后逐一作出相应的书面答复，澄清答复文件的签署要求与投标文件相同，并请于＿＿＿年＿＿＿月＿＿＿日＿＿＿＿时前将澄清答复文件传真至三峡国际招标有限责任公司。此外该澄清答复文件电子版还应以电子邮件的形式传给我方，邮箱地址：＿＿＿＿＿＿＿＿＿＿。未按时送交澄清答复文件的投标人将不能进入下一步评审。

附：澄清问题清单

1.

2.

……

＿＿＿＿＿＿＿＿＿＿招标评标委员会

＿＿＿＿＿年＿＿＿月＿＿＿日

附件三　问题的澄清

＿＿＿＿＿＿＿＿＿＿（项目名称及标段）问题的澄清

编号：＿＿＿＿＿

＿＿＿＿＿＿＿＿（项目名称及标段）招标评标委员会：

问题澄清通知（编号：＿＿＿＿＿＿）已收悉，现澄清如下：

1.

2.

……

投标人：＿＿＿＿＿＿＿＿＿＿＿（盖单位章）

法定代表人或其委托代理人：＿＿＿＿＿＿＿（签字）

＿＿＿＿年＿＿月＿＿日

附件四　中标候选人公示和中标结果公示

（项目及标段名称）中标候选人公示
（招标编号：）

招标人			招标代理机构	三峡国际招标有限责任公司	
公示开始时间			公示结束时间		
内容		第一中标候选人	第二中标候选人		第三中标候选人
1. 中标候选人名称					
2. 投标报价					
3. 质量					
4. 工期（交货期）					
5. 评标情况					
6. 资格能力条件					
7. 项目负责人情况	姓名				
	证书名称				
	证书编号				
8. 提出异议的渠道和方式（投标人或其他利害关系人如对中标候选人有异议，请在中标候选人公示期间以书面形式实名提出，并应由异议人的法定代表人或其授权代理人签字并盖章。对于无异议人名称和地址及有效联系方式、无具体异议事项、主张不明确、诉求不清楚、无有效线索和相关证明材料的异议将不予受理）。	电话				
	传真				
	Email				

（项目及标段名称）中标结果公示

（招标人名称）根据本项目评标委员会的评定和推荐，并经过中标候选人公示，确定本项目中标人如下：

招标编号	项目名称	标段名称	中标人名称

招标人：

招标代理机构：三峡国际招标有限责任公司

日期：

附件五 中标通知书

致：	自：三峡国际招标有限责任公司
收件人：	发件人：
传　真：	传　真：
电　话：	电　话：

主题：中标通知书

_____（中标人名称）：

在_____（招标编号：_____）招标中，根据《中华人民共和国招标投标法》及相关法律法规和此次招标文件的规定，经评定，贵公司中标。请在接到本通知后的____日内与_____联系合同签订事宜。

请在收到本传真后立即向我公司回函确认。谢谢！

合同谈判联系人：

联系电话：

三峡国际招标有限责任公司

_____年___月___日

附件六 确认通知

确认通知

_____（招标人名称）：

我方已接到你方____年___月___日发出的_____（项目名称及标段）招标关于_____的通知，我方已于____年___月___日收到。

特此确认。

投标人：_____（盖单位章）

_____年___月___日

第三章　评标办法（综合评估法）

评标办法前附表

条款号	评审因素		评审标准
2.1.1	形式评审标准	投标人名称	与营业执照、资质证书、安全生产许可证一致
		投标函签字盖章	有法定代表人或其委托代理人签字或加盖单位章
		投标文件格式	符合第八章"投标文件格式"的要求
		联合体投标人（如有）	提交联合体协议书，并明确联合体牵头人
		报价唯一	只能有一个有效报价
		……	……
2.1.2	资格评审标准	营业执照	具备有效的营业执照
		安全生产许可证	具备有效的安全生产许可证
		资质等级	符合第二章"投标人须知"第1.4.1项规定
		财务状况	符合第二章"投标人须知"第1.4.1项规定
		类似项目业绩	符合第二章"投标人须知"第1.4.1项规定
		信誉	符合第二章"投标人须知"第1.4.1项规定
		项目经理	符合第二章"投标人须知"第1.4.1项规定
		其他要求	符合第二章"投标人须知"第1.4.1项规定
		联合体投标人	符合第二章"投标人须知"第1.4.2项规定
		……	……
2.1.3	响应性评审标准	投标内容	符合第二章"投标人须知"第1.3.1项规定
		工期	符合第二章"投标人须知"第1.3.2项规定
		工程质量	符合第二章"投标人须知"第1.3.3项规定
		投标有效期	符合第二章"投标人须知"第3.3.1项规定
		投标保证金	符合第二章"投标人须知"第3.4.1项规定
		权利义务	符合第四章"合同条款及格式"规定
		已标价工程量清单	符合第五章"工程量清单"给出的范围及数量
		技术标准和要求	符合第七章"技术标准和要求"规定
		……	……
2.2.1		评分权重构成（100%）	商务部分：15% 技术部分：40% 投标报价：45%

续表

条款号		条款内容	编列内容	
2.2.2		评标价基准值（B）计算方法	以所有进入详细评审的投标人评标价算术平均值×0.95作为本次评审的评标价基准值B。并应满足计算规则： （1）如投标人报价高于所有进入详细评审的投标人报价平均值×130％，该报价不参与评标价基准值的计算； （2）当经步骤（1）筛选后的投标人超过5家时去掉一个最高价和一个最低价； （3）当同一企业集团多家所属企业（单位）参与本项目投标时，取其中最低评标价参与评标价基准值计算，无论该价格是否在步骤（2）中被筛选掉。 评标价为经修正后的投标报价。	
2.2.3		偏差率（Di）计算公式	偏差率＝100％×（投标人评标价－评标价基准值）/评标价基准值	
条款号		评分因素	评分标准	权重
2.2.4（1）	商务评分标准（15％）	以往类似项目业绩、经验	以往类似项目数量、规模、完成情况及施工经验（满足招标文件资格条件要求的业绩得60分，每增加一项加5分，加满为止）	3％
		履约信誉	根据三峡集团公司最新发布的年度供应商信用评价结果进行统一评分，A、B、C三个等级信用得分分别为100、85、70分。如投标人初次进入三峡集团公司投标或报价，由评标委员会根据其以往业绩及在其他单位的合同履约情况合理确定本次评审信用等级。	4％
		财务状况	近3年财务状况（依据近三年经审计过的财务报表，评分结果分为A～D四个档次）	1％
		报价费用构成的合理性	由专家对各投标人报价费用构成进行合理性评审。（评分结果分为A～D四个档次）	4％
		主要单价水平的合理性	由专家对各工程量清单中的主要单价进行合理性和平衡性评审。（评分结果分为A～D四个档次）	3％
2.2.4（2）	技术评分标准（40％）	对项目重点、难点的分析及施工布置	对项目重点、难点的分析情况，施工布置的合理性及与现场环境协调（评分结果分为A～D四个档次）	5％
		施工资源配置	施工资源（施工设备及工器具、劳动力、材料等）配置的合理性和保证措施，项目资金使用、保证与分配、封闭管理及奖惩措施的可行性。（评分结果分为A～D四个档次）	5％
		施工方法、程序、配合环节合理性	土建（基础、道路等）和机电设备安装等施工方法、程序、配合环节的合理性（评分结果分为A～D四个档次）	10％
		施工进度工期与强度分析合理性	施工进度、强度分析的合理性及保证措施（评分结果分为A～D四个档次）	4％

条款号		评分因素	评分标准	权重
2.2.4（2）	技术评分标准（40%）	施工质量、安全和文明施工	保证质量、安全和文明施工的技术措施，环保、水保实施措施，防灾应急措施，对周边已有设施的保护措施等（评分结果分为 A~D 四个档次）	8%
		施工管理人员	项目经理和技术负责人的经历、主持过的工程项目与效果（项目经理为一级建造师且有 10 年以上工作业绩得 70~80 分。技术负责人具有高级职称的加 5~10 分，技术负责人也具有类似工程业绩的加 5~10 分。）	4%
		专业队伍	本标项目中成建制的专业队伍（有成建制的专业匹配的队伍，经专家评审，每缺一个专业队伍扣 5~15 分，扣至 60 分为止）	3%
		组织机构和运行方式	项目现场组织机构、职责、运行方式及保障措施（评分结果分为 A~D 四个档次）	1%
2.2.4（3）	投标报价评分标准（45%）	价格得分	以入围投标人经修正后的评标总报价与评标价基准值 B 进行比较，计算出高于或者低于评标价基准值的百分数，并根据以下规则计算得分： （1）当入围投标人的评标价等于评标价基准值 B 时得满分 100 分。 （2）当 $0 < Di \leqslant 3\%$ 时，每高 1% 扣 1 分； 当 $3\% < Di \leqslant 6\%$ 时，每高 1% 扣 2 分； 当 $6\% < Di$，每高 1% 扣 3.5 分； 最低得 60 分。 当 $-3\% \leqslant Di < 0$ 时，不扣分； 当 $-6\% \leqslant Di < -3\%$ 时，每低 1% 扣 1 分； 当 $Di < -6\%$ 时，每低 1% 扣 2 分； 最低得 67 分。 上述计分按分段累进计算，当入围投标人评标价与评标价基准值 B 比例值处于分段计算区间内时，分段计算按内插法等比例计扣分。	

条款号	条款内容	编列内容
3.1.1	初步评审短名单的确定	按照投标人的报价由低到高排序，当投标人少于 10 名时，选取排序前 5 名进入短名单；当投标人为 10 名及以上时，选取排序前 6 名进入短名单。若进入短名单的投标人未能通过初步评审，或进入短名单投标人有算术错误，经修正后的报价高于其他未进入短名单的投标人报价，则依序递补。如果数量不足 5 名时，按照实际数量选取。
3.2.1	详细评审短名单确定	通过初步评审的投标人全部进入详细评审

条款号	条款内容	编列内容
3.2.2	投标报价的处理规则	（1）对于投标人未做说明的报价修改，评标委员会将把修改后的报价按比例分摊到投标报价的相关各项目（不含暂估价项目）上，调整后的报价对投标人具有约束力。投标人不接受修正价格的，其投标将被否决。 （2）对于投标人未按招标文件规定进行报价的漏报项目应被视为含在所报价格中，评标委员会将把所有进入详细评审的投标人中对该项目的最高报价计入此投标人的此项评标价格。按此款所做的评标价格调整仅用于评标使用。 （3）如投标人某项目单价明显偏低，经评标委员会认定低于成本价时，则以进入详细评审短名单的所有投标人中该项目最高单价替换此单价，重新计算其经评审的投标价。

1 评标方法

本次评标采用综合评估法。评标委员会对满足招标文件实质性要求的投标文件，按照本章第 2.2 款规定的评分标准进行打分，并按综合得分由高到低顺序推荐不超过 3 名中标候选人，或根据招标人授权直接确定中标人，但投标报价低于其成本的除外。综合评分相等时，以投标报价低的优先；投标报价也相等时，技术得分高的优先；当技术得分也相等时，由招标人自行确定。

2 评审标准

2.1 初步评审标准

2.1.1 形式评审标准：见评标办法前附表。

2.1.2 资格评审标准：见评标办法前附表。

2.1.3 响应性评审标准：见评标办法前附表。

2.2 详细评审标准

2.2.1 分值构成

（1）商务部分：见评标办法前附表；

（2）技术部分：见评标办法前附表；

（3）报价部分：见评标办法前附表。

2.2.2 评标价基准值计算

评标价基准值计算方法：见评标办法前附表。

2.2.3 投标报价的偏差率计算

投标报价的偏差率计算公式：见评标办法前附表。

2.2.4　评分标准

（1）商务部分评分标准：见评标办法前附表；

（2）技术部分评分标准：见评标办法前附表；

（3）报价部分评分标准：见评标办法前附表。

3　评标程序

3.1　初步评审

3.1.1　初步评审短名单的确定：见评标办法前附表。若进入短名单的投标人未能通过初步评审，则依序递补。当按照3.1.4款修正的价格高于没进入短名单的其他投标人，则选取较低报价的投标人替补该投标人进入短名单。

3.1.2　评标委员会可以要求投标人提交第二章"投标人须知"第3.5.1项至第3.5.5项规定的有关证明和证件的原件，以便核验。评标委员会依据本章第2.1款规定的标准对投标文件进行初步评审。有一项不符合评审标准的，评标委员会应当否决其投标。

3.1.3　投标人有以下情形之一的，评标委员会应当否决其投标：

（1）第二章"投标人须知"第1.4.3项规定的任何一种情形的：

（2）串通投标或弄虚作假或有其他违法行为的；

（3）不按评标委员会要求澄清、说明或补正的。

3.1.4　投标报价有算术错误的，评标委员会按以下原则对投标报价进行修正，修正的价格经投标人书面确认后具有约束力。投标人不接受修正价格的，评标委员会应当否决其投标。

（1）投标文件中的大写金额与小写金额不一致的，以大写金额为准；

（2）总价金额与依据单价计算出的结果不一致的，以单价金额为准修正总价，但单价金额小数点有明显错误的除外。

3.1.5　评标委员会将参考中国长江三峡集团有限公司供应商信用评价结果和招标人现阶段掌握的投标人不良行为记录进行评审。

3.1.6　经初步评审后合格投标人不足3家的，评标委员会应对其是否具有竞争性进行评审，因有效投标不足3家使得投标明显缺乏竞争的，评标委员会可以否决全部投标。

3.2　详细评审

3.2.1　详细评审短名单确定：见评标办法前附表。

3.2.2　投标报价的处理规则：见评标办法前附表。

3.2.3　评分按照如下规则进行：

（1）评分由评标委员会以记名方式进行，参加评分的评标委员会成员应单独打分。

凡未记名、涂改后无相应签名的评分票均作为废票处理。

（2）评分因素按照 A~D 四个档次评分的，A 档对应的分数为 100~90（含 90），B 档 90~80（含 80），C 档 80~70（含 70），D 档 70~60（含 60）。评标委员会成员讨论各进入详细评审投标人在各个评审因素上的档次，评标委员会成员宜在讨论后决定的评分档次范围内打分。如评标委员会成员对评分结果有不同看法，也可超档次范围打分，但应在意见表中陈述理由。

（3）评标委员会成员打分汇总方法，参与打分的评标委员会成员超过 5 名（含 5 名）时，汇总时去掉单项评价因素的一个最高分和一个最低分，以剩余样本的算术平均值作为投标人的得分。

（4）评分分值的中间计算过程保留小数点后三位，小数点后第四位"四舍五入"；评分分值计算结果保留小数点后两位，小数点后第三位"四舍五入"。

3.2.4　评标委员会按本章第 2.2 款规定的量化因素和分值进行打分，并计算出综合评估得分。

（1）按本章第 2.2.4（1）目规定的评审因素和分值对商务部分计算出得分 A；

（2）按本章第 2.2.4（2）目规定的评审因素和分值对技术部分计算出得分 B；

（3）按本章第 2.2.4（3）目规定的评审因素和分值对投标报价计算出得分 C；

（4）投标人综合得分＝A＋B＋C。

3.2.5　评标委员会发现投标人的报价明显低于其他投标人的报价，或者在设有标底时明显低于标底，使得其投标报价可能低于其个别成本的，应当要求该投标人作出书面说明并提供相应的证明材料。投标人不能合理说明或者不能提供相应证明材料的，由评标委员会认定该投标人以低于成本报价竞标，评标委员会应当否决其投标。

3.3　投标文件的澄清和补正

3.3.1　在评标过程中，评标委员会可以书面形式要求投标人对所提交投标文件中不明确的内容进行书面澄清或说明，或者对细微偏差进行补正。评标委员会不接受投标人主动提出的澄清、说明或补正。

3.3.2　澄清、说明和补正不得改变投标文件的实质性内容（算术性错误修正的除外）。投标人的书面澄清、说明和补正属于投标文件的组成部分。

3.3.3　评标委员会对投标人提交的澄清、说明或补正有疑问的，可以要求投标人进一步澄清、说明或补正。

3.4　评标结果

3.4.1　除第二章"投标人须知"前附表授权直接确定中标人外，评标委员会按照综合得分由高到低的顺序推荐<u>不超过 3 名</u>中标候选人。

3.4.2　评标委员会完成评标后，应当向招标人提交书面评标报告。

3.4.3　中标候选人在信用中国网站（http：//www. creditchina. gov. cn/）被查询到存在与本次招标项目相关的严重失信行为，评标委员会认为可能影响其履约能力的，有权取消其中标候选人资格。

第四章 合同条款及格式

第一节 通用合同条款

1 一般约定

1.1 词语定义

通用合同条款、专用合同条款中的下列词语应具有本款所赋予的含义。

1.1.1 合同

（1）合同文件（或称合同）：指合同协议书、中标通知书、投标函及投标函附录、专用合同条款、通用合同条款、技术标准和要求、图纸、已标价工程量清单，以及其他合同文件。

（2）合同协议书：指第1.5款所指的合同协议书。

（3）中标通知书：指发包人通知承包人中标的函件。

（4）投标函：指构成合同文件组成部分的由承包人填写并签署的投标函。

（5）投标函附录：指附在投标函后构成合同文件的投标函附录。

（6）技术标准和要求：指构成合同文件组成部分的名为技术标准和要求的文件，包括合同双方当事人约定对其所作的修改或补充。

（7）图纸：指包含在合同中的工程图纸，以及由发包人按合同约定提供的任何补充和修改的图纸，包括配套的说明。

（8）已标价工程量清单：指构成合同文件组成部分的由承包人按照规定的格式和要求填写并标明价格的工程量清单。

（9）其他合同文件：指经合同双方当事人确认构成合同文件的其他文件。

1.1.2 合同当事人和人员

（1）合同当事人：指发包人和（或）承包人。

（2）发包人：指专用合同条款中指明并与承包人在合同协议书中签字的当事人。

（3）承包人：指与发包人签订合同协议书的当事人。

（4）承包人项目经理：指承包人派驻施工场地的全权负责人。

（5）分包人：指从承包人处分包合同中某一部分工程，并与其签订分包合同的分包人。

（6）监理人：指在专用合同条款中指明的，受发包人委托对合同履行实施管理的法人或其他组织。

（7）总监理工程师（总监）：指由监理人委派常驻施工场地对合同履行实施管理的全权负责人。

1.1.3　工程和设备

（1）工程：指永久工程和（或）临时工程。

（2）永久工程：指按合同约定建造并移交给发包人的工程，包括工程设备。

（3）临时工程：指为完成合同约定的永久工程所修建的各类临时性工程，不包括施工设备。

（4）单位工程：指专用合同条款中指明特定范围的永久工程。

（5）工程设备：指构成或计划构成永久工程一部分的机电设备、金属结构设备、仪器装置及其他类似的设备和装置。

（6）施工设备：指为完成合同约定的各项工作所需的设备、器具和其他物品，不包括临时工程和材料。

（7）临时设施：指为完成合同约定的各项工作所服务的临时性生产和生活设施。

（8）承包人设备：指承包人自带的施工设备。

（9）施工场地（或称工地、现场）：指用于合同工程施工的场所，以及在合同中指定作为施工场地组成部分的其他场所，包括永久占地和临时占地。

（10）永久占地：指专用合同条款中指明为实施合同工程需永久占用的土地。

（11）临时占地：指专用合同条款中指明为实施合同工程需临时占用的土地。

1.1.4　日期

（1）开工通知：指监理人按第11.1款通知承包人开工的函件。

（2）开工日期：指监理人按第11.1款发出的开工通知中写明的开工日期。

（3）工期：指承包人在投标函中承诺的完成合同工程所需的期限，包括按第11.3款、第11.4款和第11.6款约定所作的变更。

（4）竣工日期：指第1.1.4（3）目约定工期届满时的日期。实际竣工日期以工程接收证书中写明的日期为准。

（5）缺陷责任期：指履行第19.2款约定的缺陷责任的期限，具体期限由专用合同条款约定，包括根据第19.3款约定所作的延长。

（6）基准日期：指投标截止时间前28天的日期。

（7）天：除特别指明外，指日历天。合同中按天计算时间的，开始当天不计入，从次日开始计算。期限最后一天的截止时间为当天24：00。

1.1.5 合同价格和费用

（1）签约合同价：指签定合同时合同协议书中写明的，包括了暂列金额、暂估价的合同总金额。

（2）合同价格：指承包人按合同约定完成了包括缺陷责任期内的全部承包工作后，发包人应付给承包人的金额，包括在履行合同过程中按合同约定进行的变更和调整。

（3）费用：指为履行合同所发生的或将要发生的所有合理开支，包括管理费和应分摊的其他费用，但不包括利润。

（4）暂列金额：指已标价工程量清单中所列的暂列金额，用于在签订协议书时尚未确定或不可预见变更的施工及其所需材料、工程设备、服务等的金额，包括以计日工方式支付的金额。

（5）暂估价：指发包人在工程量清单中给定的用于支付必然发生但暂时不能确定价格的材料、设备以及专业工程的金额。

（6）计日工：指对零星工作采取的一种计价方式，按合同中的计日工子目及其单价计价付款。

（7）质量保证金（或称保留金）：指按第17.4.1项约定用于保证在缺陷责任期内履行缺陷修复义务的金额。

1.1.6 其他

（1）书面形式：指合同文件、信函、电报、传真等可以有形地表现所载内容的形式。

1.2 语言文字

除专用术语外，合同使用的语言文字为中文。必要时专用术语应附有中文注释。

1.3 法律

适用于合同的法律包括中华人民共和国法律、行政法规、部门规章，以及工程所在地的地方法规、自治条例、单行条例和地方政府规章。

1.4 合同文件的优先顺序

组成合同的各项文件应互相解释，互为说明。除专用合同条款另有约定外，解释合同文件的优先顺序如下：

（1）合同协议书；

（2）中标通知书；

（3）投标函及投标函附录；

（4）专用合同条款；

（5）通用合同条款；

（6）技术标准和要求；

（7）图纸；

（8）已标价工程量清单；

（9）其他合同文件。

1.5 合同协议书

承包人按中标通知书规定的时间与发包人签订合同协议书。除法律另有规定或合同另有约定外，发包人和承包人的法定代表人或其委托代理人在合同协议书上签字并盖单位章后，合同生效。

1.6 图纸和承包人文件

1.6.1 图纸的提供

除专用合同条款另有约定外，图纸应在合理的期限内按照合同约定的数量提供给承包人。由于发包人未按时提供图纸造成工期延误的，按第11.3款的约定办理。

1.6.2 承包人提供的文件

按专用合同条款约定由承包人提供的文件，包括部分工程的大样图、加工图等，承包人应按约定的数量和期限报送监理人。监理人应在专用合同条款约定的期限内批复。

1.6.3 图纸的修改

图纸需要修改和补充的，应由监理人取得发包人同意后，在该工程或工程相应部位施工前的合理期限内签发图纸修改图给承包人，具体签发期限在专用合同条款中约定。承包人应按修改后的图纸施工。

1.6.4 图纸的错误

承包人发现发包人提供的图纸存在明显错误或疏忽，应及时通知监理人。

1.6.5 图纸和承包人文件的保管

监理人和承包人均应在施工场地各保存一套完整的包含第1.6.1项、第1.6.2项、第1.6.3项约定内容的图纸和承包人文件。

1.7 联络

1.7.1 与合同有关的通知、批准、证明、证书、指示、要求、请求、同意、意见、确定和决定等，均应采用书面形式。

1.7.2 第1.7.1项中的通知、批准、证明、证书、指示、要求、请求、同意、意见、确定和决定等来往函件，均应在合同约定的期限内送达指定地点和接收人，并办理签收手续。

1.8 转让

除合同另有约定外，未经对方当事人同意，一方当事人不得将合同权利全部或部分转让给第三人，也不得全部或部分转移合同义务。

1.9 严禁贿赂

合同双方当事人不得以贿赂或变相贿赂的方式，谋取不当利益或损害对方权益。因贿赂造成对方损失的，行为人应赔偿损失，并承担相应的法律责任。

1.10 化石、文物

1.10.1 在施工场地发掘的所有文物、古迹以及具有地质研究或考古价值的其他遗迹、化石、钱币或物品属于国家所有。一旦发现上述文物，承包人应采取有效合理的保护措施，防止任何人员移动或损坏上述物品，并立即报告当地文物行政部门，同时通知监理人。发包人、监理人和承包人应按文物行政部门要求采取妥善保护措施，由此导致费用增加和（或）工期延误由发包人承担。

1.10.2 承包人发现文物后不及时报告或隐瞒不报，致使文物丢失或损坏的，应赔偿损失，并承担相应的法律责任。

1.11 专利技术

1.11.1 承包人在使用任何材料、承包人设备、工程设备或采用施工工艺时，因侵犯专利权或其他知识产权所引起的责任，由承包人承担，但由于遵照发包人提供的设计或技术标准和要求引起的除外。

1.11.2 承包人在投标文件中采用专利技术的，专利技术的使用费包含在投标报价内。

1.11.3 承包人的技术秘密和声明需要保密的资料和信息，发包人和监理人不得为合同以外的目的泄露给他人。

1.12 图纸和文件的保密

1.12.1 发包人提供的图纸和文件，未经发包人同意，承包人不得为合同以外的目的泄露给他人或公开发表与引用。

1.12.2 承包人提供的文件，未经承包人同意，发包人和监理人不得为合同以外的目的泄露给他人或公开发表与引用。

2 发包人义务

2.1 遵守法律

发包人在履行合同过程中应遵守法律，并保证承包人免于承担因发包人违反法律而引起的任何责任。

2.2 发出开工通知

发包人应委托监理人按第 11.1 款的约定向承包人发出开工通知。

2.3 提供施工场地

发包人应按专用合同条款约定向承包人提供施工场地，以及施工场地内地下管线和地下设施等有关资料，并保证资料的真实、准确、完整。

2.4 协助承包人办理证件和批件

发包人应协助承包人办理法律规定的有关施工证件和批件。

2.5 组织设计交底

发包人应根据合同进度计划，组织设计单位向承包人进行设计交底。

2.6 支付合同价款

发包人应按合同约定向承包人及时支付合同价款。

2.7 组织竣工验收

发包人应按合同约定及时组织竣工验收。

2.8 其他义务

发包人应履行合同约定的其他义务。

3 监理人

3.1 监理人的职责和权力

3.1.1 监理人受发包人委托，享有合同约定的权力。监理人在行使某项权力前需要经发包人事先批准而通用合同条款没有指明的，应在专用合同条款中指明。

3.1.2 监理人发出的任何指示应视为已得到发包人的批准，但监理人无权免除或变更合同约定的发包人和承包人的权利、义务和责任。

3.1.3 合同约定应由承包人承担的义务和责任，不因监理人对承包人提交文件的审查或批准，对工程、材料和设备的检查和检验，以及为实施监理作出的指示等职务行为而减轻或解除。

3.2 总监理工程师

发包人应在发出开工通知前将总监理工程师的任命通知承包人。总监理工程师更换时，应在调离 14 天前通知承包人。总监理工程师短期离开施工场地的，应委派代表代行其职责，并通知承包人。

3.3 监理人员

3.3.1 总监理工程师可以授权其他监理人员负责执行其指派的一项或多项监理工作。总监理工程师应将被授权监理人员的姓名及其授权范围通知承包人。被授权的监理人员在授权范围内发出的指示视为已得到总监理工程师的同意，与总监理工程师发出的指示具有同等效力。总监理工程师撤销某项授权时，应将撤销授权的决定及时通知承包人。

3.3.2 监理人员对承包人的任何工作、工程或其采用的材料和工程设备未在约定的或合理的期限内提出否定意见的，视为已获批准，但不影响监理人在以后拒绝该项工作、工程、材料或工程设备的权利。

3.3.3 承包人对总监理工程师授权的监理人员发出的指示有疑问的，可向总监理工程师提出书面异议，总监理工程师应在 48 小时内对该指示予以确认、更改或撤销。

3.3.4 除专用合同条款另有约定外，总监理工程师不应将第 3.5 款约定应由总监理工程师作出确定的权力授权或委托给其他监理人员。

3.4 监理人的指示

3.4.1 监理人应按第 3.1 款的约定向承包人发出指示，监理人的指示应盖有监理人授权的施工场地机构章，并由总监理工程师或总监理工程师按第 3.3.1 项约定授权的监理人员签字。

3.4.2 承包人收到监理人按第 3.4.1 项作出的指示后应遵照执行。指示构成变更的，应按第 15 条处理。

3.4.3 在紧急情况下，总监理工程师或被授权的监理人员可以当场签发临时书面指示，承包人应遵照执行。承包人应在收到上述临时书面指示后 24 小时内，向监理人发出书面确认函。监理人在收到书面确认函后 24 小时内未予答复的，该书面确认函应被视为监理人的正式指示。

3.4.4 除合同另有约定外，承包人只从总监理工程师或按第 3.3.1 项被授权的监理人员处取得指示。

3.4.5 由于监理人未能按合同约定发出指示、指示延误或指示错误而导致承包人费用增加和（或）工期延误的，由发包人承担赔偿责任。

3.5 商定或确定

3.5.1 合同约定总监理工程师应按照本款对任何事项进行商定或确定时，总监理工程师应与合同当事人协商，尽量达成一致。不能达成一致的，总监理工程师应认真研究后审慎确定。

3.5.2 总监理工程师应将商定或确定的事项通知合同当事人，并附详细依据。对总监理工程师的确定有异议的，构成争议，按照第 24 条的约定处理。在争议解决前，双方应暂按总监理工程师的确定执行，按照第 24 条的约定对总监理工程师的确定作出修改的，按修改后的结果执行。

4 承包人

4.1 承包人的一般义务

4.1.1 遵守法律

承包人在履行合同过程中应遵守法律，并保证发包人免于承担因承包人违反法律而引起的任何责任。

4.1.2 依法纳税

承包人应按有关法律规定纳税，应缴纳的税金包括在合同价格内。

4.1.3 完成各项承包工作

承包人应按合同约定以及监理人根据第3.4款作出的指示，实施、完成全部工程，并修补工程中的任何缺陷。除专用合同条款另有约定外，承包人应提供为完成合同工作所需的劳务、材料、施工设备、工程设备和其他物品，并按合同约定负责临时设施的设计、建造、运行、维护、管理和拆除。

4.1.4 对施工作业和施工方法的完备性负责

承包人应按合同约定的工作内容和施工进度要求，编制施工组织设计和施工措施计划，并对所有施工作业和施工方法的完备性和安全可靠性负责。

4.1.5 保证工程施工和人员的安全

承包人应按第9.2款约定采取施工安全措施，确保工程及其人员、材料、设备和设施的安全，防止因工程施工造成的人身伤害和财产损失。

4.1.6 负责施工场地及其周边环境与生态的保护工作

承包人应按照第9.4款约定负责施工场地及其周边环境与生态的保护工作。

4.1.7 避免施工对公众与他人的利益造成损害

承包人在进行合同约定的各项工作时，不得侵害发包人与他人使用公用道路、水源、市政管网等公共设施的权利，避免对邻近的公共设施产生干扰。承包人占用或使用他人的施工场地，影响他人作业或生活的，应承担相应责任。

4.1.8 为他人提供方便

承包人应按监理人的指示为他人在施工场地或附近实施与工程有关的其他各项工作提供可能的条件。除合同另有约定外，提供有关条件的内容和可能发生的费用，由监理人按第3.5款商定或确定。

4.1.9 工程的维护和照管

工程接收证书颁发前，承包人应负责照管和维护工程。工程接收证书颁发时尚有部分未竣工工程的，承包人还应负责该未竣工工程的照管和维护工作，直至竣工后移交给发包人为止。

4.1.10 其他义务

承包人应履行合同约定的其他义务。

4.2 履约担保

承包人应保证其履约担保在发包人颁发工程接收证书前一直有效。发包人应在工程接收证书颁发后28天内把履约担保退还给承包人。

4.3 分包

4.3.1 承包人不得将其承包的全部工程转包给第三人，或将其承包的全部工程肢解后以分包的名义转包给第三人。

4.3.2 承包人不得将工程主体、关键性工作分包给第三人。除专用合同条款另有约定外，未经发包人同意，承包人不得将工程的其他部分或工作分包给第三人。

4.3.3 分包人的资格能力应与其分包工程的标准和规模相适应。

4.3.4 按投标函附录约定分包工程的，承包人应向发包人和监理人提交分包合同副本。

4.3.5 承包人应与分包人就分包工程向发包人承担连带责任。

4.4 联合体

4.4.1 联合体各方应共同与发包人签订合同协议书。联合体各方应为履行合同承担连带责任。

4.4.2 联合体协议经发包人确认后作为合同附件。在履行合同过程中，未经发包人同意，不得修改联合体协议。

4.4.3 联合体牵头人负责与发包人和监理人联系，并接受指示，负责组织联合体各成员全面履行合同。

4.5 承包人项目经理

4.5.1 承包人应按合同约定指派项目经理，并在约定的期限内到职。承包人更换项目经理应事先征得发包人同意，并应在更换 14 天前通知发包人和监理人。承包人项目经理短期离开施工场地，应事先征得监理人同意，并委派代表代行其职责。

4.5.2 承包人项目经理应按合同约定以及监理人按第 3.4 款作出的指示，负责组织合同工程的实施。在情况紧急且无法与监理人取得联系时，可采取保证工程和人员生命财产安全的紧急措施，并在采取措施后 24 小时内向监理人提交书面报告。

4.5.3 承包人为履行合同发出的一切函件均应盖有承包人授权的施工场地管理机构章，并由承包人项目经理或其授权代表签字。

4.5.4 承包人项目经理可以授权其下属人员履行其某项职责，但事先应将这些人员的姓名和授权范围通知监理人。

4.6 承包人人员的管理

4.6.1 承包人应在接到开工通知后 28 天内，向监理人提交承包人在施工场地的管理机构以及人员安排的报告，其内容应包括管理机构的设置、各主要岗位的技术和管理人员名单及其资格，以及各工种技术工人的安排状况。承包人应向监理人提交施工场地人员变动情况的报告。

4.6.2 为完成合同约定的各项工作，承包人应向施工场地派遣或雇佣足够数量的下列人员：

  （1）具有相应资格的专业技工和合格的普工；

  （2）具有相应施工经验的技术人员；

  （3）具有相应岗位资格的各级管理人员。

4.6.3 承包人安排在施工场地的主要管理人员和技术骨干应相对稳定。承包人更换主要管理人员和技术骨干时，应取得监理人的同意。

4.6.4 特殊岗位的工作人员均应持有相应的资格证明，监理人有权随时检查。监理人认为有必要时，可进行现场考核。

4.7 撤换承包人项目经理和其他人员

承包人应对其项目经理和其他人员进行有效管理。监理人要求撤换不能胜任本职工作、行为不端或玩忽职守的承包人项目经理和其他人员的，承包人应予以撤换。

4.8 保障承包人人员的合法权益

4.8.1 承包人应与其雇佣的人员签订劳动合同，并按时发放工资。

4.8.2 承包人应按劳动法的规定安排工作时间，保证其雇佣人员享有休息和休假的权利。因工程施工的特殊需要占用休假日或延长工作时间的，应不超过法律规定的限度，并按法律规定给予补休或付酬。

4.8.3 承包人应为其雇佣人员提供必要的食宿条件，以及符合环境保护和卫生要求的生活环境，在远离城镇的施工场地，还应配备必要的伤病防治和急救的医务人员与医疗设施。

4.8.4 承包人应按国家有关劳动保护的规定，采取有效的防止粉尘、降低噪声、控制有害气体和保障高温、高寒、高空作业安全等劳动保护措施。其雇佣人员在施工中受到伤害的，承包人应立即采取有效措施进行抢救和治疗。

4.8.5 承包人应按有关法律规定和合同约定，为其雇佣人员办理保险。

4.8.6 承包人应负责处理其雇佣人员因工伤亡事故的善后事宜。

4.9 工程价款应专款专用

发包人按合同约定支付给承包人的各项价款应专用于合同工程。

4.10 承包人现场查勘

4.10.1 发包人应将其持有的现场地质勘探资料、水文气象资料提供给承包人，并对其准确性负责。但承包人应对其阅读上述有关资料后所作出的解释和推断负责。

4.10.2 承包人应对施工场地和周围环境进行查勘，并收集有关地质、水文、气象条件、交通条件、风俗习惯以及其他为完成合同工作有关的当地资料。在全部合同工作中，应视为承包人已充分估计了应承担的责任和风险。

4.11 不利物质条件

4.11.1 不利物质条件，除专用合同条款另有约定外，是指承包人在施工场地遇到的不可预见的自然物质条件、非自然的物质障碍和污染物，包括地下和水文条件，但不包括气候条件。

4.11.2 承包人遇到不利物质条件时，应采取适应不利物质条件的合理措施继续施工，并及时通知监理人。监理人应当及时发出指示，指示构成变更的，按第15条约定办理。监理人没有发出指示的，承包人因采取合理措施而增加的费用和（或）工期延误，由发包人承担。

5 材料和工程设备

5.1 承包人提供的材料和工程设备

5.1.1 除专用合同条款另有约定外，承包人提供的材料和工程设备均由承包人负责采购、运输和保管。承包人应对其采购的材料和工程设备负责。

5.1.2 承包人应按专用合同条款的约定，将各项材料和工程设备的供货人及品种、规格、数量和供货时间等报送监理人审批。承包人应向监理人提交其负责提供的材料和工程设备的质量证明文件，并满足合同约定的质量标准。

5.1.3 对承包人提供的材料和工程设备，承包人应会同监理人进行检验和交货验收，查验材料合格证明和产品合格证书，并按合同约定和监理人指示，进行材料的抽样检验和工程设备的检验测试，检验和测试结果应提交监理人，所需费用由承包人承担。

5.2 发包人提供的材料和工程设备

5.2.1 发包人提供的材料和工程设备，应在专用合同条款中写明材料和工程设备的名称、规格、数量、价格、交货方式、交货地点和计划交货日期等。

5.2.2 承包人应根据合同进度计划的安排，向监理人报送要求发包人交货的日期计划。发包人应按照监理人与合同双方当事人商定的交货日期，向承包人提交材料和工程设备。

5.2.3 发包人应在材料和工程设备到货7天前通知承包人，承包人应会同监理人在约定的时间内，赴交货地点共同进行验收。除专用合同条款另有约定外，发包人提供的材料和工程设备验收后，由承包人负责接收、运输和保管。

5.2.4 发包人要求向承包人提前交货的，承包人不得拒绝，但发包人应承担承包人由此增加的费用。

5.2.5 承包人要求更改交货日期或地点的，应事先报请监理人批准。由于承包人要求更改交货时间或地点所增加的费用和（或）工期延误由承包人承担。

5.2.6 发包人提供的材料和工程设备的规格、数量或质量不符合合同要求，或由于发包人原因发生交货日期延误及交货地点变更等情况的，发包人应承担由此增加的费用和（或）工期延误，并向承包人支付合理利润。

5.3　材料和工程设备专用于合同工程

5.3.1　运入施工场地的材料、工程设备，包括备品备件、安装专用工器具与随机资料，必须专用于合同工程，未经监理人同意，承包人不得运出施工场地或挪作他用。

5.3.2　随同工程设备运入施工场地的备品备件、专用工器具与随机资料，应由承包人会同监理人按供货人的装箱单清点后共同封存，未经监理人同意不得启用。承包人因合同工作需要使用上述物品时，应向监理人提出申请。

5.4　禁止使用不合格的材料和工程设备

5.4.1　监理人有权拒绝承包人提供的不合格材料或工程设备，并要求承包人立即进行更换。监理人应在更换后再次进行检查和检验，由此增加的费用和（或）工期延误由承包人承担。

5.4.2　监理人发现承包人使用了不合格的材料和工程设备，应及时发出指示要求承包人立即改正，并禁止在工程中继续使用不合格的材料和工程设备。

5.4.3　发包人提供的材料或工程设备不符合合同要求的，承包人有权拒绝，并可要求发包人更换，由此增加的费用和（或）工期延误由发包人承担。

6　施工设备和临时设施

6.1　承包人提供的施工设备和临时设施

6.1.1　承包人应按合同进度计划的要求，及时配置施工设备和修建临时设施。进入施工场地的承包人设备需经监理人核查后才能投入使用。承包人更换合同约定的承包人设备的，应报监理人批准。

6.1.2　除专用合同条款另有约定外，承包人应自行承担修建临时设施的费用，需要临时占地的，应由发包人办理申请手续并承担相应费用。

6.2　发包人提供的施工设备和临时设施

发包人提供的施工设备或临时设施在专用合同条款中约定。

6.3　要求承包人增加或更换施工设备

承包人使用的施工设备不能满足合同进度计划和（或）质量要求时，监理人有权要求承包人增加或更换施工设备，承包人应及时增加或更换，由此增加的费用和（或）工期延误由承包人承担。

6.4　施工设备和临时设施专用于合同工程

6.4.1　除合同另有约定外，运入施工场地的所有施工设备以及在施工场地建设的临时设施应专用于合同工程。未经监理人同意，不得将上述施工设备和临时设施中的任何部分运出施工场地或挪作他用。

6.4.2 经监理人同意，承包人可根据合同进度计划撤走闲置的施工设备。

7 交通运输

7.1 道路通行权和场外设施

除专用合同条款另有约定外，发包人应根据合同工程的施工需要，负责办理取得出入施工场地的专用和临时道路的通行权，以及取得为工程建设所需修建场外设施的权利，并承担有关费用。承包人应协助发包人办理上述手续。

7.2 场内施工道路

7.2.1 除专用合同条款另有约定外，承包人应负责修建、维修、养护和管理施工所需的临时道路和交通设施，包括维修、养护和管理发包人提供的道路和交通设施，并承担相应费用。

7.2.2 除专用合同条款另有约定外，承包人修建的临时道路和交通设施应免费提供发包人和监理人使用。

7.3 场外交通

7.3.1 承包人车辆外出行驶所需的场外公共道路的通行费、养路费和税款等由承包人承担。

7.3.2 承包人应遵守有关交通法规，严格按照道路和桥梁的限制荷重安全行驶，并服从交通管理部门的检查和监督。

7.4 超大件和超重件的运输

由承包人负责运输的超大件或超重件，应由承包人负责向交通管理部门办理申请手续，发包人给予协助。运输超大件或超重件所需的道路和桥梁临时加固改造费用和其他有关费用，由承包人承担，但专用合同条款另有约定除外。

7.5 道路和桥梁的损坏责任

因承包人运输造成施工场地内外公共道路和桥梁损坏的，由承包人承担修复损坏的全部费用和可能引起的赔偿。

7.6 水路和航空运输

本条上述各款的内容适用于水路运输和航空运输，其中"道路"一词的涵义包括河道、航线、船闸、机场、码头、堤防以及水路或航空运输中其他相似结构物；"车辆"一词的涵义包括船舶和飞机等。

8 测量放线

8.1 施工控制网

8.1.1 发包人应在专用合同条款约定的期限内，通过监理人向承包人提供测量基准点、基准线和水准点及其书面资料。除专用合同条款另有约定外，承包人应根据国家测绘基准、测绘系统和工程测量技术规范，按上述基准点（线）以及合同工程精度要求，测设施工控制网，并在专用合同条款约定的期限内，将施工控制网资料报送监理人审批。

8.1.2 承包人应负责管理施工控制网点。施工控制网点丢失或损坏的，承包人应及时修复。承包人应承担施工控制网点的管理与修复费用，并在工程竣工后将施工控制网点移交发包人。

8.2 施工测量

8.2.1 承包人应负责施工过程中的全部施工测量放线工作，并配置合格的人员、仪器、设备和其他物品。

8.2.2 监理人可以指示承包人进行抽样复测，当复测中发现错误或出现超过合同约定的误差时，承包人应按监理人指示进行修正或补测，并承担相应的复测费用。

8.3 基准资料错误的责任

发包人应对其提供的测量基准点、基准线和水准点及其书面资料的真实性、准确性和完整性负责。发包人提供上述基准资料错误导致承包人测量放线工作的返工或造成工程损失的，发包人应当承担由此增加的费用和（或）工期延误，并向承包人支付合理利润。承包人发现发包人提供的上述基准资料存在明显错误或疏忽的，应及时通知监理人。

8.4 监理人使用施工控制网

监理人需要使用施工控制网的，承包人应提供必要的协助，发包人不再为此支付费用。

9 施工安全、治安保卫和环境保护

9.1 发包人的施工安全责任

9.1.1 发包人应按合同约定履行安全职责，授权监理人按合同约定的安全工作内容监督、检查承包人安全工作的实施，组织承包人和有关单位进行安全检查。

9.1.2 发包人应对其现场机构雇佣的全部人员的工伤事故承担责任，但由于承包人原因造成发包人人员工伤的，应由承包人承担责任。

9.1.3 发包人应负责赔偿以下各种情况造成的第三者人身伤亡和财产损失：
(1) 工程或工程的任何部分对土地的占用所造成的第三者财产损失；
(2) 由于发包人原因在施工场地及其毗邻地带造成的第三者人身伤亡和财产损失。

9.2 承包人的施工安全责任

9.2.1 承包人应按合同约定履行安全职责，执行监理人有关安全工作的指示，并在专用合同条款约定的期限内，按合同约定的安全工作内容，编制施工安全措施计划报送监理人审批。

9.2.2 承包人应加强施工作业安全管理，特别应加强易燃、易爆材料、火工器材、有毒与腐蚀性材料和其他危险品的管理，以及对爆破作业和地下工程施工等危险作业的管理。

9.2.3 承包人应严格按照国家安全标准制定施工安全操作规程，配备必要的安全生产和劳动保护设施，加强对承包人人员的安全教育，并发放安全工作手册和劳动保护用具。

9.2.4 承包人应按监理人的指示制定应对灾害的紧急预案，报送监理人审批。承包人还应按预案做好安全检查，配置必要的救助物资和器材，切实保护好有关人员的人身和财产安全。

9.2.5 合同约定的安全作业环境及安全施工措施所需费用应遵守有关规定，并包括在相关工作的合同价格中。因采取合同未约定的安全作业环境及安全施工措施增加的费用，由监理人按第3.5款商定或确定。

9.2.6 承包人应对其履行合同所雇佣的全部人员，包括分包人人员的工伤事故承担责任，但由于发包人原因造成承包人人员工伤事故的，应由发包人承担责任。

9.2.7 由于承包人原因在施工场地内及其毗邻地带造成的第三者人员伤亡和财产损失，由承包人负责赔偿。

9.3 治安保卫

9.3.1 除合同另有约定外，发包人应与当地公安部门协商，在现场建立治安管理机构或联防组织，统一管理施工场地的治安保卫事项，履行合同工程的治安保卫职责。

9.3.2 发包人和承包人除应协助现场治安管理机构或联防组织维护施工场地的社会治安外，还应做好包括生活区在内的各自管辖区的治安保卫工作。

9.3.3 除合同另有约定外，发包人和承包人应在工程开工后，共同编制施工场地治安管理计划，并制定应对突发治安事件的紧急预案。在工程施工过程中，发生暴乱、爆炸等恐怖事件，以及群殴、械斗等群体性突发治安事件的，发包人和承包人应立即向当地政府报告。发包人和承包人应积极协助当地有关部门采取措施平息事态，防止事态扩大，尽量减少财产损失和避免人员伤亡。

9.4 环境保护

9.4.1 承包人在施工过程中，应遵守有关环境保护的法律，履行合同约定的环境保护义务，并对违反法律和合同约定义务所造成的环境破坏、人身伤害和财产损失负责。

9.4.2 承包人应按合同约定的环保工作内容，编制施工环保措施计划，报送监理人审批。

9.4.3 承包人应按照批准的施工环保措施计划有序地堆放和处理施工废弃物，避免对环境造成破坏。因承包人任意堆放或弃置施工废弃物造成妨碍公共交通、影响城镇居民生活、降低河流行洪能力、危及居民安全、破坏周边环境，或者影响其他承包人施工等后果的，承包人应承担责任。

9.4.4 承包人应按合同约定采取有效措施，对施工开挖的边坡及时进行支护，维护排水设施，并进行水土保护，避免因施工造成的地质灾害。

9.4.5 承包人应按国家饮用水管理标准定期对饮用水源进行监测，防止施工活动污染饮用水源。

9.4.6 承包人应按合同约定，加强对噪声、粉尘、废气、废水和废油的控制，努力降低噪声，控制粉尘和废气浓度，做好废水和废油的治理和排放。

9.5 事故处理

工程施工过程中发生事故的，承包人应立即通知监理人，监理人应立即通知发包人。发包人和承包人应立即组织人员和设备进行紧急抢救和抢修，减少人员伤亡和财产损失，防止事故扩大，并保护事故现场。需要移动现场物品时，应作出标记和书面记录，妥善保管有关证据。发包人和承包人应按国家有关规定，及时如实地向有关部门报告事故发生的情况，以及正在采取的紧急措施等。

10 进度计划

10.1 合同进度计划

承包人应按专用合同条款约定的内容和期限，编制详细的施工进度计划和施工方案说明报送监理人。监理人应在专用合同条款约定的期限内批复或提出修改意见，否则该进度计划视为已得到批准。经监理人批准的施工进度计划称合同进度计划，是控制合同工程进度的依据。承包人还应根据合同进度计划，编制更为详细的分阶段或分项进度计划，报监理人审批。

10.2 合同进度计划的修订

不论何种原因造成工程的实际进度与第10.1款的合同进度计划不符时，承包人可以在专用合同条款约定的期限内向监理人提交修订合同进度计划的申请报告，并附有关措施和相关资料，报监理人审批；监理人也可以直接向承包人作出修订合同进度计划的指示，承包人应按该指示修订合同进度计划，报监理人审批。监理人应在专用合同条款约定的期限内批复。监理人在批复前应获得发包人同意。

11 开工和竣工

11.1 开工

11.1.1 监理人应在开工日期7天前向承包人发出开工通知。监理人在发出开工通知前应获得发包人同意。工期自监理人发出的开工通知中载明的开工日期起计算。承包人应在开工日期后尽快施工。

11.1.2　承包人应按第 10.1 款约定的合同进度计划，向监理人提交工程开工报审表，经监理人审批后执行。开工报审表应详细说明按合同进度计划正常施工所需的施工道路、临时设施、材料设备、施工人员等施工组织措施的落实情况以及工程的进度安排。

11.2　竣工

承包人应在第 1.1.4（3）目约定的期限内完成合同工程。实际竣工日期在接收证书中写明。

11.3　发包人的工期延误

在履行合同过程中，由于发包人的下列原因造成工期延误的，承包人有权要求发包人延长工期和（或）增加费用，并支付合理利润。需要修订合同进度计划的，按照第 10.2 款的约定办理。

（1）增加合同工作内容；

（2）改变合同中任何一项工作的质量要求或其他特性；

（3）发包人迟延提供材料、工程设备或变更交货地点的；

（4）因发包人原因导致的暂停施工；

（5）提供图纸延误；

（6）未按合同约定及时支付预付款、进度款；

（7）发包人造成工期延误的其他原因。

11.4　异常恶劣的气候条件

由于出现专用合同条款规定的异常恶劣气候的条件导致工期延误的，承包人有权要求发包人延长工期。

11.5　承包人的工期延误

由于承包人原因，未能按合同进度计划完成工作，或监理人认为承包人施工进度不能满足合同工期要求的，承包人应采取措施加快进度，并承担加快进度所增加的费用。由于承包人原因造成工期延误，承包人应支付逾期竣工违约金。逾期竣工违约金的计算方法在专用合同条款中约定。承包人支付逾期竣工违约金，不免除承包人完成工程及修补缺陷的义务。

11.6　工期提前

发包人要求承包人提前竣工，或承包人提出提前竣工的建议能够给发包人带来效益的，应由监理人与承包人共同协商采取加快工程进度的措施和修订合同进度计划。发包人应承担承包人由此增加的费用，并向承包人支付专用合同条款约定的相应奖金。

12　暂停施工

12.1　承包人暂停施工的责任

因下列暂停施工增加的费用和（或）工期延误由承包人承担：

（1）承包人违约引起的暂停施工；

（2）由于承包人原因为工程合理施工和安全保障所必需的暂停施工；

（3）承包人擅自暂停施工；

（4）承包人其他原因引起的暂停施工；

（5）专用合同条款约定由承包人承担的其他暂停施工。

12.2　发包人暂停施工的责任

由于发包人原因引起的暂停施工造成工期延误的，承包人有权要求发包人延长工期和（或）增加费用，并支付合理利润。

12.3　监理人暂停施工指示

12.3.1　监理人认为有必要时，可向承包人作出暂停施工的指示，承包人应按监理人指示暂停施工。不论由于何种原因引起的暂停施工，暂停施工期间承包人应负责妥善保护工程并提供安全保障。

12.3.2　由于发包人的原因发生暂停施工的紧急情况，且监理人未及时下达暂停施工指示的，承包人可先暂停施工，并及时向监理人提出暂停施工的书面请求。监理人应在接到书面请求后的 24 小时内予以答复，逾期未答复的，视为同意承包人的暂停施工请求。

12.4　暂停施工后的复工

12.4.1　暂停施工后，监理人应与发包人和承包人协商，采取有效措施积极消除暂停施工的影响。当工程具备复工条件时，监理人应立即向承包人发出复工通知。承包人收到复工通知后，应在监理人指定的期限内复工。

12.4.2　承包人无故拖延和拒绝复工的，由此增加的费用和工期延误由承包人承担；因发包人原因无法按时复工的，承包人有权要求发包人延长工期和（或）增加费用，并支付合理利润。

12.5　暂停施工持续 56 天以上

12.5.1　监理人发出暂停施工指示后 56 天内未向承包人发出复工通知，除了该项停工属于第 12.1 款的情况外，承包人可向监理人提交书面通知，要求监理人在收到书面通知后 28 天内准许已暂停施工的工程或其中一部分工程继续施工。如监理人逾期不予批准，则承包人可以通知监理人，将工程受影响的部分视为按第 15.1（1）项的可取消工作。如暂停施工影响到整个工程，可视为发包人违约，应按第 22.2 款的规定办理。

12.5.2　由于承包人责任引起的暂停施工，如承包人在收到监理人暂停施工指示后56天内不认真采取有效的复工措施，造成工期延误，可视为承包人违约，应按第22.1款的规定办理。

13　工程质量

13.1　工程质量要求

13.1.1　工程质量验收按合同约定验收标准执行。

13.1.2　因承包人原因造成工程质量达不到合同约定验收标准的，监理人有权要求承包人返工直至符合合同要求为止，由此造成的费用增加和（或）工期延误由承包人承担。

13.1.3　因发包人原因造成工程质量达不到合同约定验收标准的，发包人应承担由于承包人返工造成的费用增加和（或）工期延误，并支付承包人合理利润。

13.2　承包人的质量管理

13.2.1　承包人应在施工场地设置专门的质量检查机构，配备专职质量检查人员，建立完善的质量检查制度。承包人应在合同约定的期限内，提交工程质量保证措施文件，包括质量检查机构的组织和岗位责任、质检人员的组成、质量检查程序和实施细则等，报送监理人审批。

13.2.2　承包人应加强对施工人员的质量教育和技术培训，定期考核施工人员的劳动技能，严格执行规范和操作规程。

13.3　承包人的质量检查

承包人应按合同约定对材料、工程设备以及工程的所有部位及其施工工艺进行全过程的质量检查和检验，并作详细记录，编制工程质量报表，报送监理人审查。

13.4　监理人的质量检查

监理人有权对工程的所有部位及其施工工艺、材料和工程设备进行检查和检验。承包人应为监理人的检查和检验提供方便，包括监理人到施工场地，或制造、加工地点，或合同约定的其他地方进行察看和查阅施工原始记录。承包人还应按监理人指示，进行施工场地取样试验、工程复核测量和设备性能检测，提供试验样品、提交试验报告和测量成果以及监理人要求进行的其他工作。监理人的检查和检验，不免除承包人按合同约定应负的责任。

13.5　工程隐蔽部位覆盖前的检查

13.5.1　通知监理人检查

经承包人自检确认的工程隐蔽部位具备覆盖条件后，承包人应通知监理人在约定的期限内检查。承包人的通知应附有自检记录和必要的检查资料。监理人应按时到场检查。经监理人检查确认质量符合隐蔽要求，并在检查记录上签字后，承包人才能进行覆盖。监理人检查确认质量不合格的，承包人应在监理人指示的时间内修整返工后，由监理人重新检查。

13.5.2 监理人未到场检查

监理人未按第 13.5.1 项约定的时间进行检查的，除监理人另有指示外，承包人可自行完成覆盖工作，并作相应记录报送监理人，监理人应签字确认。监理人事后对检查记录有疑问的，可按第 13.5.3 项的约定重新检查。

13.5.3 监理人重新检查

承包人按第 13.5.1 项或第 13.5.2 项覆盖工程隐蔽部位后，监理人对质量有疑问的，可要求承包人对已覆盖的部位进行钻孔探测或揭开重新检验，承包人应遵照执行，并在检验后重新覆盖恢复原状。经检验证明工程质量符合合同要求的，由发包人承担由此增加的费用和（或）工期延误，并支付承包人合理利润；经检验证明工程质量不符合合同要求的，由此增加的费用和（或）工期延误由承包人承担。

13.5.4 承包人私自覆盖

承包人未通知监理人到场检查，私自将工程隐蔽部位覆盖的，监理人有权指示承包人钻孔探测或揭开检查，由此增加的费用和（或）工期延误由承包人承担。

13.6 清除不合格工程

13.6.1 承包人使用不合格材料、工程设备，或采用不适当的施工工艺，或施工不当，造成工程不合格的，监理人可以随时发出指示，要求承包人立即采取措施进行补救，直至达到合同要求的质量标准，由此增加的费用和（或）工期延误由承包人承担。

13.6.2 由于发包人提供的材料或工程设备不合格造成的工程不合格，需要承包人采取措施补救的，发包人应承担由此增加的费用和（或）工期延误，并支付承包人合理利润。

14 试验和检验

14.1 材料、工程设备和工程的试验和检验

14.1.1 承包人应按合同约定进行材料、工程设备和工程的试验和检验，并为监理人对上述材料、工程设备和工程的质量检查提供必要的试验资料和原始记录。按合同约定应由监理人与承包人共同进行试验和检验的，由承包人负责提供必要的试验资料和原始记录。

14.1.2 监理人未按合同约定派员参加试验和检验的，除监理人另有指示外，承

包人可自行试验和检验，并应立即将试验和检验结果报送监理人，监理人应签字确认。

14.1.3 监理人对承包人的试验和检验结果有疑问的，或为查清承包人试验和检验成果的可靠性要求承包人重新试验和检验的，可按合同约定由监理人与承包人共同进行。重新试验和检验的结果证明该项材料、工程设备或工程的质量不符合合同要求的，由此增加的费用和（或）工期延误由承包人承担；重新试验和检验结果证明该项材料、工程设备和工程符合合同要求，由发包人承担由此增加的费用和（或）工期延误，并支付承包人合理利润。

14.2 现场材料试验

14.2.1 承包人根据合同约定或监理人指示进行的现场材料试验，应由承包人提供试验场所、试验人员、试验设备器材以及其他必要的试验条件。

14.2.2 监理人在必要时可以使用承包人的试验场所、试验设备器材以及其他试验条件，进行以工程质量检查为目的的复核性材料试验，承包人应予以协助。

14.3 现场工艺试验

承包人应按合同约定或监理人指示进行现场工艺试验。对大型的现场工艺试验，监理人认为必要时，应由承包人根据监理人提出的工艺试验要求，编制工艺试验措施计划，报送监理人审批。

15 变更

15.1 变更的范围和内容

除专用合同条款另有约定外，在履行合同中发生以下情形之一，应按照本条规定进行变更。

（1）取消合同中任何一项工作，但被取消的工作不能转由发包人或其他人实施；

（2）改变合同中任何一项工作的质量或其他特性；

（3）改变合同工程的基线、标高、位置或尺寸；

（4）改变合同中任何一项工作的施工时间或改变已批准的施工工艺或顺序；

（5）为完成工程需要追加的额外工作。

15.2 变更权

在履行合同过程中，经发包人同意，监理人可按第15.3款约定的变更程序向承包人作出变更指示，承包人应遵照执行。没有监理人的变更指示，承包人不得擅自变更。

15.3 变更程序

15.3.1 变更的提出

（1）在合同履行过程中，可能发生第15.1款约定情形的，监理人可向承包人发出变更意向书。变更意向书应说明变更的具体内容和发包人对变更的时间要求，并附必要的图纸和相关资料。变更意向书应要求承包人提交包括拟实施变更工作的计划、措施和竣工时间等内容的实施方案。发包人同意承包人根据变更意向书要求提交的变更实施方案的，由监理人按第 15.3.3 项约定发出变更指示。

（2）在合同履行过程中，发生第 15.1 款约定情形的，监理人应按照第 15.3.3 项约定向承包人发出变更指示。

（3）承包人收到监理人按合同约定发出的图纸和文件，经检查认为其中存在第 15.1 款约定情形的，可向监理人提出书面变更建议。变更建议应阐明要求变更的依据，并附必要的图纸和说明。监理人收到承包人书面建议后，应与发包人共同研究，确认存在变更的，应在收到承包人书面建议后的 14 天内作出变更指示。经研究后不同意作为变更的，应由监理人书面答复承包人。

（4）若承包人收到监理人的变更意向书后认为难以实施此项变更，应立即通知监理人，说明原因并附详细依据。监理人与承包人和发包人协商后确定撤销、改变或不改变原变更意向书。

15.3.2 变更估价

（1）除专用合同条款对期限另有约定外，承包人应在收到变更指示或变更意向书后的 14 天内，向监理人提交变更报价书，报价内容应根据第 15.4 款约定的估价原则，详细开列变更工作的价格组成及其依据，并附必要的施工方法说明和有关图纸。

（2）变更工作影响工期的，承包人应提出调整工期的具体细节。监理人认为有必要时，可要求承包人提交要求提前或延长工期的施工进度计划及相应施工措施等详细资料。

（3）除专用合同条款对期限另有约定外，监理人收到承包人变更报价书后的 14 天内，根据第 15.4 款约定的估价原则，按照第 3.5 款商定或确定变更价格。

15.3.3 变更指示

（1）变更指示只能由监理人发出。

（2）变更指示应说明变更的目的、范围、变更内容以及变更的工程量及其进度和技术要求，并附有关图纸和文件。承包人收到变更指示后，应按变更指示进行变更工作。

15.4 变更的估价原则

除专用合同条款另有约定外，因变更引起的价格调整按照本款约定处理。

15.4.1 已标价工程量清单中有适用于变更工作的子目的，采用该子目的单价。

15.4.2 已标价工程量清单中无适用于变更工作的子目，但有类似子目的，可在合理范围内参照类似子目的单价，由监理人按第 3.5 款商定或确定变更工作的单价。

15.4.3 已标价工程量清单中无适用或类似子目的单价，可按照成本加利润的原则，由监理人按第 3.5 款商定或确定变更工作的单价。

15.5 承包人的合理化建议

15.5.1 在履行合同过程中，承包人对发包人提供的图纸、技术要求以及其他方面提出的合理化建议，均应以书面形式提交监理人。合理化建议书的内容应包括建议工作的详细说明、进度计划和效益以及与其他工作的协调等，并附必要的设计文件。监理人应与发包人协商是否采纳建议。建议被采纳并构成变更的，应按第 15.3.3 项约定向承包人发出变更指示。

15.5.2 承包人提出的合理化建议降低了合同价格、缩短了工期或者提高了工程经济效益的，发包人可按国家有关规定在专用合同条款中约定给予奖励。

15.6 暂列金额

暂列金额只能按照监理人的指示使用，并对合同价格进行相应调整。

15.7 计日工

15.7.1 发包人认为有必要时，由监理人通知承包人以计日工方式实施变更的零星工作。其价款按列入已标价工程量清单中的计日工计价子目及其单价进行计算。

15.7.2 采用计日工计价的任何一项变更工作，应从暂列金额中支付，承包人应在该项变更的实施过程中，每天提交以下报表和有关凭证报送监理人审批：

　　（1）工作名称、内容和数量；

　　（2）投入该工作所有人员的姓名、工种、级别和耗用工时；

　　（3）投入该工作的材料类别和数量；

　　（4）投入该工作的施工设备型号、台数和耗用台时；

　　（5）监理人要求提交的其他资料和凭证。

15.7.3 计日工由承包人汇总后，按第 17.3.2 项的约定列入进度付款申请单，由监理人复核并经发包人同意后列入进度付款。

15.8 暂估价

15.8.1 发包人在工程量清单中给定暂估价的材料、工程设备和专业工程属于依法必须招标的范围并达到规定的规模标准的，由发包人和承包人以招标的方式选择供应商或分包人。发包人和承包人的权利义务关系在专用合同条款中约定。中标金额与工程量清单中所列的暂估价的金额差以及相应的税金等其他费用列入合同价格。

15.8.2 发包人在工程量清单中给定暂估价的材料和工程设备不属于依法必须招标的范围或未达到规定的规模标准的，应由承包人按第 5.1 款的约定提供。经监理人确认的材料、工程设备的价格与工程量清单中所列的暂估价的金额差以及相应的税金等其他费用列入合同价格。

15.8.3 发包人在工程量清单中给定暂估价的专业工程不属于依法必须招标的范围或未达到规定的规模标准的，由监理人按照第15.4款进行估价，但专用合同条款另有约定的除外。经估价的专业工程与工程量清单中所列的暂估价的金额差以及相应的税金等其他费用列入合同价格。

16 价格调整

16.1 物价波动引起的价格调整

除专用合同条款另有约定外，因物价波动引起的价格调整按照本款约定处理。

16.1.1 采用价格指数调整价格差额

（1）价格调整公式

因人工、材料和设备等价格波动影响合同价格时，根据投标函附录中的价格指数和权重表约定的数据，按以下公式计算差额并调整合同价格。

$$\triangle P = P_O \left[A + \left(B_1 \times \frac{F_{t1}}{F_{01}} + B_2 \times \frac{F_{t2}}{F_{02}} + B_3 \times \frac{F_{t3}}{F_{03}} + \cdots + B_n \times \frac{F_{tn}}{F_{04}} \right) - 1 \right]$$

式中：$\triangle P$——需调整的价格差额；

P_O——第17.3.3项、第17.5.2项和第17.6.2项约定的付款证书中承包人应得到的已完成工程量的金额。此项金额应不包括价格调整、不计质量保证金的扣留和支付、预付款的支付和扣回。第15条约定的变更及其他金额已按现行价格计价的，也不计在内；

A——定值权重（即不调部分的权重）；

B_1；B_2；B_3；……B_n——各可调因子的变值权重（即可调部分的权重）为各可调因子在投标函投标总报价中所占的比例；

F_{t1}；F_{t2}；F_{t3}；……F_{tn}——各可调因子的现行价格指数，指第17.3.3项、第17.5.2项和第17.6.2项约定的付款证书相关周期最后一天的前42天的各可调因子的价格指数；

F_{01}；F_{02}；F_{03}；……F_{0n}——各可调因子的基本价格指数，指基准日期的各可调因子的价格指数。

以上价格调整公式中的各可调因子、定值和变值权重，以及基本价格指数及其来源在投标函附录价格指数和权重表中约定。价格指数应首先采用有关部门提供的价格指数，缺乏上述价格指数时，可采用有关部门提供的价格代替。

（2）暂时确定调整差额

在计算调整差额时得不到现行价格指数的，可暂用上一次价格指数计算，并在以后的付款中再按实际价格指数进行调整。

（3）权重的调整

按第15.1款约定的变更导致原定合同中的权重不合理时，由监理人与承包人和发包人协商后进行调整。

（4）承包人工期延误后的价格调整

由于承包人原因未在约定的工期内竣工的，则对原约定竣工日期后继续施工的工程，在使用第16.1.1（1）目价格调整公式时，应采用原约定竣工日期与实际竣工日期的两个价格指数中较低的一个作为现行价格指数。

16.1.2 采用造价信息调整价格差额

施工期内，因人工、材料、设备和机械台班价格波动影响合同价格时，人工、机械使用费按照国家或省、自治区、直辖市建设行政管理部门、行业建设管理部门或其授权的工程造价管理机构发布的人工成本信息、机械台班单价或机械使用费系数进行调整；需要进行价格调整的材料，其单价和采购数应由监理人复核，监理人确认需调整的材料单价及数量，作为调整工程合同价格差额的依据。

16.2 法律变化引起的价格调整

在基准日后，因法律变化导致承包人在合同履行中所需要的工程费用发生除第16.1款约定以外的增减时，监理人应根据法律、国家或省、自治区、直辖市有关部门的规定，按第3.5款商定或确定需调整的合同价款。

17 计量与支付

17.1 计量

17.1.1 计量单位

计量采用国家法定的计量单位。

17.1.2 计量方法

工程量清单中的工程量计算规则应按有关国家标准、行业标准的规定，并在合同中约定执行。

17.1.3 计量周期

除专用合同条款另有约定外，单价子目已完成工程量按月计量，总价子目的计量周期按批准的支付分解报告确定。

17.1.4 单价子目的计量

（1）已标价工程量清单中的单价子目工程量为估算工程量。结算工程量是承包人实际完成的，并按合同约定的计量方法进行计量的工程量。

（2）承包人对已完成的工程进行计量，向监理人提交进度付款申请单、已完成工程量报表和有关计量资料。

（3）监理人对承包人提交的工程量报表进行复核，以确定实际完成的工程量。对数量有异议的，可要求承包人按第 8.2 款约定进行共同复核和抽样复测。承包人应协助监理人进行复核并按监理人要求提供补充计量资料。承包人未按监理人要求参加复核，监理人复核或修正的工程量视为承包人实际完成的工程量。

（4）监理人认为有必要时，可通知承包人共同进行联合测量、计量，承包人应遵照执行。

（5）承包人完成工程量清单中每个子目的工程量后，监理人应要求承包人派员共同对每个子目的历次计量报表进行汇总，以核实最终结算工程量。监理人可要求承包人提供补充计量资料，以确定最后一次进度付款的准确工程量。承包人未按监理人要求派员参加的，监理人最终核实的工程量视为承包人完成该子目的准确工程量。

（6）监理人应在收到承包人提交的工程量报表后的 7 天内进行复核，监理人未在约定时间内复核的，承包人提交的工程量报表中的工程量视为承包人实际完成的工程量，据此计算工程价款。

17.1.5　总价子目的计量

除专用合同条款另有约定外，总价子目的分解和计量按照下述约定进行。

（1）总价子目的计量和支付应以总价为基础，不因第 16.1 款中的因素而进行调整。承包人实际完成的工程量，是进行工程目标管理和控制进度支付的依据。

（2）承包人在合同约定的每个计量周期内，对已完成的工程进行计量，并向监理人提交进度付款申请单、专用合同条款约定的合同总价支付分解表所表示的阶段性或分项计量的支持性资料，以及所达到工程形象目标或分阶段需完成的工程量和有关计量资料。

（3）监理人对承包人提交的上述资料进行复核，以确定分阶段实际完成的工程量和工程形象目标。对其有异议的，可要求承包人按第 8.2 款约定进行共同复核和抽样复测。

（4）除按照第 15 条约定的变更外，总价子目的工程量是承包人用于结算的最终工程量。

17.2　预付款

17.2.1　预付款

预付款用于承包人为合同工程施工购置材料、工程设备、施工设备、修建临时设施以及组织施工队伍进场等。预付款的额度和预付办法在专用合同条款中约定。预付款必须专用于合同工程。

17.2.2　预付款保函

除专用合同条款另有约定外，承包人应在收到预付款的同时向发包人提交预付款保函，预付款保函的担保金额应与预付款金额相同。保函的担保金额可根据预付款扣回的金额相应递减。

17.2.3 预付款的扣回与还清

预付款在进度付款中扣回，扣回办法在专用合同条款中约定。在颁发工程接收证书前，由于不可抗力或其他原因解除合同时，预付款尚未扣清的，尚未扣清的预付款余额应作为承包人的到期应付款。

17.3 工程进度付款

17.3.1 付款周期

付款周期同计量周期。

17.3.2 进度付款申请单

承包人应在每个付款周期末，按监理人批准的格式和专用合同条款约定的份数，向监理人提交进度付款申请单，并附相应的支持性证明文件。除专用合同条款另有约定外，进度付款申请单应包括下列内容：

（1）截至本次付款周期末已实施工程的价款；

（2）根据第 15 条应增加和扣减的变更金额；

（3）根据第 23 条应增加和扣减的索赔金额；

（4）根据第 17.2 款约定应支付的预付款和扣减的返还预付款；

（5）根据第 17.4.1 项约定应扣减的质量保证金；

（6）根据合同应增加和扣减的其他金额。

17.3.3 进度付款证书和支付时间

（1）监理人在收到承包人进度付款申请单以及相应的支持性证明文件后的 14 天内完成核查，提出发包人到期应支付给承包人的金额以及相应的支持性材料，经发包人审查同意后，由监理人向承包人出具经发包人签认的进度付款证书。监理人有权扣发承包人未能按照合同要求履行任何工作或义务的相应金额。

（2）发包人应在监理人收到进度付款申请单后的 28 天内，将进度应付款支付给承包人。发包人不按期支付的，按专用合同条款的约定支付逾期付款违约金。

（3）监理人出具进度付款证书，不应视为监理人已同意、批准或接受了承包人完成的该部分工作。

（4）进度付款涉及政府投资资金的，按照国库集中支付等国家相关规定和专用合同条款的约定办理。

17.3.4 工程进度付款的修正

在对以往历次已签发的进度付款证书进行汇总和复核中发现错、漏或重复的，监理人有权予以修正，承包人也有权提出修正申请。经双方复核同意的修正，应在本次进度付款中支付或扣除。

17.4　质量保证金

17.4.1　监理人应从第一个付款周期开始，在发包人的进度付款中，按专用合同条款的约定扣留质量保证金，直至扣留的质量保证金总额达到专用合同条款约定的金额或比例为止。质量保证金的计算额度不包括预付款的支付、扣回以及价格调整的金额。

17.4.2　在第1.1.4（5）目约定的缺陷责任期满时，承包人向发包人申请到期应返还承包人剩余的质量保证金金额，发包人应在14天内会同承包人按照合同约定的内容核实承包人是否完成缺陷责任。如无异议，发包人应当在核实后将剩余保证金返还承包人。

17.4.3　在第1.1.4（5）目约定的缺陷责任期满时，承包人没有完成缺陷责任的，发包人有权扣留与未履行责任剩余工作所需金额相应的质量保证金余额，并有权根据第19.3款约定要求延长缺陷责任期，直至完成剩余工作为止。

17.5　竣工结算

17.5.1　竣工付款申请单

（1）工程接收证书颁发后，承包人应按专用合同条款约定的份数和期限向监理人提交竣工付款申请单，并提供相关证明材料。除专用合同条款另有约定外，竣工付款申请单应包括下列内容：竣工结算合同总价、发包人已支付承包人的工程价款、应扣留的质量保证金、应支付的竣工付款金额。

（2）监理人对竣工付款申请单有异议的，有权要求承包人进行修正和提供补充资料。经监理人和承包人协商后，由承包人向监理人提交修正后的竣工付款申请单。

17.5.2　竣工付款证书及支付时间

（1）监理人在收到承包人提交的竣工付款申请单后的14天内完成核查，提出发包人到期应支付给承包人的价款送发包人审核并抄送承包人。发包人应在收到后14天内审核完毕，由监理人向承包人出具经发包人签认的竣工付款证书。监理人未在约定时间内核查，又未提出具体意见的，视为承包人提交的竣工付款申请单已经监理人核查同意；发包人未在约定时间内审核又未提出具体意见的，监理人提出发包人到期应支付给承包人的价款视为已经发包人同意。

（2）发包人应在监理人出具竣工付款证书后的14天内，将应支付款支付给承包人。发包人不按期支付的，按第17.3.3（2）目的约定，将逾期付款违约金支付给承包人。

（3）承包人对发包人签认的竣工付款证书有异议的，发包人可出具竣工付款申请单中承包人已同意部分的临时付款证书。存在争议的部分，按第24条的约定办理。

（4）竣工付款涉及政府投资资金的，按第17.3.3（4）目的约定办理。

17.6 最终结清

17.6.1 最终结清申请单

（1）缺陷责任期终止证书签发后，承包人可按专用合同条款约定的份数和期限向监理人提交最终结清申请单，并提供相关证明材料。

（2）发包人对最终结清申请单内容有异议的，有权要求承包人进行修正和提供补充资料，由承包人向监理人提交修正后的最终结清申请单。

17.6.2 最终结清证书和支付时间

（1）监理人收到承包人提交的最终结清申请单后的 14 天内，提出发包人应支付给承包人的价款送发包人审核并抄送承包人。发包人应在收到后 14 天内审核完毕，由监理人向承包人出具经发包人签认的最终结清证书。监理人未在约定时间内核查，又未提出具体意见的，视为承包人提交的最终结清申请已经监理人核查同意；发包人未在约定时间内审核又未提出具体意见的，监理人提出应支付给承包人的价款视为已经发包人同意。

（2）发包人应在监理人出具最终结清证书后的 14 天内，将应支付款支付给承包人。

发包人不按期支付的，按第 17.3.3（2）目的约定，将逾期付款违约金支付给承包人。

（3）承包人对发包人签认的最终结清证书有异议的，按第 24 条的约定办理。

（4）最终结清付款涉及政府投资资金的，按第 17.3.3（4）目的约定办理。

18 竣工验收

18.1 竣工验收的含义

18.1.1 竣工验收指承包人完成了全部合同工作后，发包人按合同要求进行的验收。

18.1.2 国家验收是政府有关部门根据法律、规范、规程和政策要求，针对发包人全面组织实施的整个工程正式交付投运前的验收。

18.1.3 需要进行国家验收的，竣工验收是国家验收的一部分。竣工验收所采用的各项验收和评定标准应符合国家验收标准。发包人和承包人为竣工验收提供的各项竣工验收资料应符合国家验收的要求。

18.2 竣工验收申请报告

当工程具备以下条件时，承包人即可向监理人报送竣工验收申请报告：

（1）除监理人同意列入缺陷责任期内完成的尾工（甩项）工程和缺陷修补工作外，合同范围内的全部单位工程以及有关工作，包括合同要求的试验、试运行以及检验和验收均已完成，并符合合同要求；

（2）已按合同约定的内容和份数备齐了符合要求的竣工资料；

（3）已按监理人的要求编制了在缺陷责任期内完成的尾工（甩项）工程和缺陷修补工作清单以及相应施工计划；

（4）监理人要求在竣工验收前应完成的其他工作；

（5）监理人要求提交的竣工验收资料清单。

18.3 验收

监理人收到承包人按第18.2款约定提交的竣工验收申请报告后，应审查申请报告的各项内容，并按以下不同情况进行处理。

18.3.1 监理人审查后认为尚不具备竣工验收条件的，应在收到竣工验收申请报告后的28天内通知承包人，指出在颁发接收证书前承包人还需进行的工作内容。承包人完成监理人通知的全部工作内容后，应再次提交竣工验收申请报告，直至监理人同意为止。

18.3.2 监理人审查后认为已具备竣工验收条件的，应在收到竣工验收申请报告后的28天内提请发包人进行工程验收。

18.3.3 发包人经过验收后同意接受工程的，应在监理人收到竣工验收申请报告后的56天内，由监理人向承包人出具经发包人签认的工程接收证书。发包人验收后同意接收工程但提出整修和完善要求的，限期修好，并缓发工程接收证书。整修和完善工作完成后，监理人复查达到要求的，经发包人同意后，再向承包人出具工程接收证书。

18.3.4 发包人验收后不同意接收工程的，监理人应按照发包人的验收意见发出指示，要求承包人对不合格工程认真返工重作或进行补救处理，并承担由此产生的费用。承包人在完成不合格工程的返工重作或补救工作后，应重新提交竣工验收申请报告，按第18.3.1项、第18.3.2项和第18.3.3项的约定进行。

18.3.5 除专用合同条款另有约定外，经验收合格工程的实际竣工日期，以提交竣工验收申请报告的日期为准，并在工程接收证书中写明。

18.3.6 发包人在收到承包人竣工验收申请报告56天后未进行验收的，视为验收合格，实际竣工日期以提交竣工验收申请报告的日期为准，但发包人由于不可抗力不能进行验收的除外。

18.4 单位工程验收

18.4.1 发包人根据合同进度计划安排，在全部工程竣工前需要使用已经竣工的单位工程时，或承包人提出经发包人同意时，可进行单位工程验收。验收的程序可参照第18.2款与第18.3款的约定进行。验收合格后，由监理人向承包人出具经发包人签认的单位工程验收证书。已签发单位工程接收证书的单位工程由发包人负责照管。单位工程的验收成果和结论作为全部工程竣上验收申请报告的附件。

18.4.2 发包人在全部工程竣工前，使用已接收的单位工程导致承包人费用增加的，发包人应承担由此增加的费用和（或）工期延误，并支付承包人合理利润。

18.5 施工期运行

18.5.1 施工期运行是指合同工程尚未全部竣工，其中某项或某几项单位工程或工程设备安装已竣工，根据专用合同条款约定，需要投入施工期运行的，经发包人按第 18.4 款的约定验收合格，证明能确保安全后，才能在施工期投入运行。

18.5.2 在施工期运行中发现工程或工程设备损坏或存在缺陷的，由承包人按第 19.2 款约定进行修复。

18.6 试运行

18.6.1 除专用合同条款另有约定外，承包人应按专用合同条款约定进行工程及工程设备试运行，负责提供试运行所需的人员、器材和必要的条件，并承担全部试运行费用。

18.6.2 由于承包人的原因导致试运行失败的，承包人应采取措施保证试运行合格，并承担相应费用。由于发包人的原因导致试运行失败的，承包人应当采取措施保证试运行合格，发包人应承担由此产生的费用，并支付承包人合理利润。

18.7 竣工清场

18.7.1 除合同另有约定外，工程接收证书颁发后，承包人应按以下要求对施工场地进行清理，直至监理人检验合格为止。竣工清场费用由承包人承担。

（1）施工场地内残留的垃圾已全部清除出场；

（2）临时工程已拆除，场地已按合同要求进行清理、平整或复原；

（3）按合同约定应撤离的承包人设备和剩余的材料，包括废弃的施工设备和材料，已按计划撤离施工场地；

（4）工程建筑物周边及其附近道路、河道的施工堆积物，已按监理人指示全部清理；

（5）监理人指示的其他场地清理工作已全部完成。

18.7.2 承包人未按监理人的要求恢复临时占地，或者场地清理未达到合同约定的，发包人有权委托其他人恢复或清理，所发生的金额从拟支付给承包人的款项中扣除。

18.8 施工队伍的撤离

工程接收证书颁发后的 56 天内，除了经监理人同意需在缺陷责任期内继续工作和使用的人员、施工设备和临时工程外，其余的人员、施工设备和临时工程均应撤离施工场地或拆除。除合同另有约定外，缺陷责任期满时，承包人的人员和施工设备应全部撤离施工场地。

19　缺陷责任与保修责任

19.1　缺陷责任期的起算时间

缺陷责任期自实际竣工日期起计算。在全部工程竣工验收前，已经发包人提前验收的单位工程，其缺陷责任期的起算日期相应提前。

19.2　缺陷责任

19.2.1　承包人应在缺陷责任期内对已交付使用的工程承担缺陷责任。

19.2.2　缺陷责任期内，发包人对已接收使用的工程负责日常维护工作。发包人在使用过程中，发现已接收的工程存在新的缺陷或已修复的缺陷部位或部件又遭损坏的，承包人应负责修复，直至检验合格为止。

19.2.3　监理人和承包人应共同查清缺陷和（或）损坏的原因。经查明属承包人原因造成的，应由承包人承担修复和查验的费用。经查验属发包人原因造成的，发包人应承担修复和查验的费用，并支付承包人合理利润。

19.2.4　承包人不能在合理时间内修复缺陷的，发包人可自行修复或委托其他人修复，所需费用和利润的承担，按第19.2.3项约定办理。

19.3　缺陷责任期的延长

由于承包人原因造成某项缺陷或损坏使某项工程或工程设备不能按原定目标使用而需要再次检查、检验和修复的，发包人有权要求承包人相应延长缺陷责任期，但缺陷责任期最长不超过2年。

19.4　进一步试验和试运行

任何一项缺陷或损坏修复后，经检查证明其影响了工程或工程设备的使用性能，承包人应重新进行合同约定的试验和试运行，试验和试运行的全部费用应由责任方承担。

19.5　承包人的进入权

缺陷责任期内承包人为缺陷修复工作需要，有权进入工程现场，但应遵守发包人的保安和保密规定。

19.6　缺陷责任期终止证书

在第1.1.4（5）目约定的缺陷责任期，包括根据第19.3款延长的期限终止后14天内，由监理人向承包人出具经发包人签认的缺陷责任期终止证书，并退还剩余的质量保证金。

19.7　保修责任

合同当事人根据有关法律规定，在专用合同条款中约定工程质量保修范围、期限和责任。保修期自实际竣工日期起计算。在全部工程竣工验收前，已经发包人提前验收的单位工程，其保修期的起算日期相应提前。

20　保险

20.1　工程保险

除专用合同条款另有约定外，承包人应以发包人和承包人的共同名义向双方同意的保险人投保建筑工程一切险、安装工程一切险。其具体的投保内容、保险金额、保险费率、保险期限等有关内容在专用合同条款中约定。

20.2　人员工伤事故的保险

20.2.1　承包人员工伤事故的保险

承包人应依照有关法律规定参加工伤保险，为其履行合同所雇佣的全部人员，缴纳工伤保险费，并要求其分包人也进行此项保险。

20.2.2　发包人员工伤事故的保险

发包人应依照有关法律规定参加工伤保险，为其现场机构雇佣的全部人员，缴纳工伤保险费，并要求其监理人也进行此项保险。

20.3　人身意外伤害险

20.3.1　发包人应在整个施工期间为其现场机构雇用的全部人员，投保人身意外伤害险，缴纳保险费，并要求其监理人也进行此项保险。

20.3.2　承包人应在整个施工期间为其现场机构雇用的全部人员，投保人身意外伤害险，缴纳保险费，并要求其分包人也进行此项保险。

20.4　第三者责任险

20.4.1　第三者责任系指在保险期内，对因工程意外事故造成的、依法应由被保险人负责的工地上及毗邻地区的第三者人身伤亡、疾病或财产损失（本工程除外），以及被保险人因此而支付的诉讼费用和事先经保险人书面同意支付的其他费用等赔偿责任。

20.4.2　在缺陷责任期终止证书颁发前，承包人应以承包人和发包人的共同名义，投保第20.4.1项约定的第三者责任险，其保险费率、保险金额等有关内容在专用合同条款中约定。

20.5　其他保险

除专用合同条款另有约定外，承包人应为其施工设备、进场的材料和工程设备等办理保险。

20.6 对各项保险的一般要求

20.6.1 保险凭证

承包人应在专用合同条款约定的期限内向发包人提交各项保险生效的证据和保险单副本，保险单必须与专用合同条款约定的条件保持一致。

20.6.2 保险合同条款的变动

承包人需要变动保险合同条款时，应事先征得发包人同意，并通知监理人。保险人作出变动的，承包人应在收到保险人通知后立即通知发包人和监理人。

20.6.3 持续保险

承包人应与保险人保持联系，使保险人能够随时了解工程实施中的变动，并确保按保险合同条款要求持续保险。

20.6.4 保险金不足的补偿

保险金不足以补偿损失的，应由承包人和（或）发包人按合同约定负责补偿。

20.6.5 未按约定投保的补救

（1）由于负有投保义务的一方当事人未按合同约定办理保险，或未能使保险持续有效的，另一方当事人可代为办理，所需费用由对方当事人承担。

（2）由于负有投保义务的一方当事人未按合同约定办理某项保险，导致受益人未能得到保险人的赔偿，原应从该项保险得到的保险金应由负有投保义务的一方当事人支付。

20.6.6 报告义务

当保险事故发生时，投保人应按照保险单规定的条件和期限及时向保险人报告。

21 不可抗力

21.1 不可抗力的确认

21.1.1 不可抗力是指承包人和发包人在订立合同时不可预见，在工程施工过程中不可避免发生并不能克服的自然灾害和社会性突发事件，如地震、海啸、瘟疫、水灾、骚乱、暴动、战争和专用合同条款约定的其他情形。

21.1.2 不可抗力发生后，发包人和承包人应及时认真统计所造成的损失，收集不可抗力造成损失的证据。合同双方对是否属于不可抗力或其损失的意见不一致的，由监理人按第3.5款商定或确定。发生争议时，按第24条的约定办理。

21.2 不可抗力的通知

21.2.1 合同一方当事人遇到不可抗力事件，使其履行合同义务受到阻碍时，应立即通知合同另一方当事人和监理人，书面说明不可抗力和受阻碍的详细情况，并提供必要的证明。

21.2.2　如不可抗力持续发生，合同一方当事人应及时向合同另一方当事人和监理人提交中间报告，说明不可抗力和履行合同受阻的情况，并于不可抗力事件结束后28天内提交最终报告及有关资料。

21.3　不可抗力后果及其处理

21.3.1　不可抗力造成损害的责任

除专用合同条款另有约定外，不可抗力导致的人员伤亡、财产损失、费用增加和（或）工期延误等后果，由合同双方按以下原则承担：

（1）永久工程，包括已运至施工场地的材料和工程设备的损害，以及因工程损害造成的第三者人员伤亡和财产损失由发包人承担；

（2）承包人设备的损坏由承包人承担；

（3）发包人和承包人各自承担其人员伤亡和其他财产损失及其相关费用；

（4）承包人的停工损失由承包人承担，但停工期间应监理人要求照管工程和清理、修复工程的金额由发包人承担；

（5）不能按期竣工的，应合理延长工期，承包人不需支付逾期竣工违约金。发包人要求赶工的，承包人应采取赶工措施，赶工费用由发包人承担。

21.3.2　延迟履行期间发生的不可抗力

合同一方当事人延迟履行，在延迟履行期间发生不可抗力的，不免除其责任。

21.3.3　避免和减少不可抗力损失

不可抗力发生后，发包人和承包人均应采取措施尽量避免和减少损失的扩大，任何一方没有采取有效措施导致损失扩大的，应对扩大的损失承担责任。

21.3.4　因不可抗力解除合同

合同一方当事人因不可抗力不能履行合同的，应当及时通知对方解除合同。合同解除后，承包人应按照第22.2.5项约定撤离施工场地。已经订货的材料、设备由订货方负责退货或解除订货合同，不能退还的货款和因退货、解除订货合同发生的费用，由发包人承担，因未及时退货造成的损失由责任方承担。合同解除后的付款，参照第22.2.4项约定，由监理人按第3.5款商定或确定。

22　违约

22.1　承包人违约

22.1.1　承包人违约的情形

在履行合同过程中发生的下列情况属承包人违约：

（1）承包人违反第1.8款或第4.3款的约定，私自将合同的全部或部分权利转让给其他人，或私自将合同的全部或部分义务转移给其他人；

（2）承包人违反第5.3款或第6.4款的约定，未经监理人批准，私自将已按合同约定进入施工场地的施工设备、临时设施或材料撤离施工场地；

（3）承包人违反第5.4款的约定使用了不合格材料或工程设备，工程质量达不到标准要求，又拒绝清除不合格工程；

（4）承包人未能按合同进度计划及时完成合同约定的工作，已造成或预期造成工期延误；

（5）承包人在缺陷责任期内，未能对工程接收证书所列的缺陷清单的内容或缺陷责任期内发生的缺陷进行修复，而又拒绝按监理人指示再进行修补；

（6）承包人无法继续履行或明确表示不履行或实质上已停止履行合同；

（7）承包人不按合同约定履行义务的其他情况。

22.1.2　对承包人违约的处理

（1）承包人发生第22.1.1（6）目约定的违约情况时，发包人可通知承包人立即解除合同，并按有关法律处理。

（2）承包人发生除第22.1.1（6）目约定以外的其他违约情况时，监理人可向承包人发出整改通知，要求其在指定的期限内改正。承包人应承担其违约所引起的费用增加和（或）工期延误。

（3）经检查证明承包人已采取了有效措施纠正违约行为，具备复工条件的，可由监理人签发复工通知复工。

22.1.3　承包人违约解除合同

监理人发出整改通知28天后，承包人仍不纠正违约行为的，发包人可向承包人发出解除合同通知。合同解除后，发包人可派员进驻施工场地，另行组织人员或委托其他承包人施工。发包人因继续完成该工程的需要，有权扣留使用承包人在现场的材料、设备和临时设施。但发包人的这一行动不免除承包人应承担的违约责任，也不影响发包人根据合同约定享有的索赔权利。

22.1.4　合同解除后的估价、付款和结清

（1）合同解除后，监理人按第3.5款商定或确定承包人实际完成工作的价值，以及承包人已提供的材料、施工设备、工程设备和临时工程等的价值。

（2）合同解除后，发包人应暂停对承包人的一切付款，查清各项付款和已扣款金额，包括承包人应支付的违约金。

（3）合同解除后，发包人应按第23.4款的约定向承包人索赔由于解除合同给发包人造成的损失。

（4）合同双方确认上述往来款项后，出具最终结清付款证书，结清全部合同款项。

（5）发包人和承包人未能就解除合同后的结清达成一致而形成争议的，按第24条

的约定办理。

22.1.5　协议利益的转让

因承包人违约解除合同的，发包人有权要求承包人将其为实施合同而签订的材料和设备的订货协议或任何服务协议利益转让给发包人，并在解除合同后的 14 天内，依法办理转让手续。

22.1.6　紧急情况下无能力或不愿进行抢救

在工程实施期间或缺陷责任期内发生危及工程安全的事件，监理人通知承包人进行抢救，承包人声明无能力或不愿立即执行的，发包人有权雇佣其他人员进行抢救。此类抢救按合同约定属于承包人义务的，由此发生的金额和（或）工期延误由承包人承担。

22.2　发包人违约

22.2.1　发包人违约的情形

在履行合同过程中发生的下列情形，属发包人违约：

（1）发包人未能按合同约定支付预付款或合同价款，或拖延、拒绝批准付款申请和支付凭证，导致付款延误的；

（2）发包人原因造成停工的；

（3）监理人无正当理由没有在约定期限内发出复工指示，导致承包人无法复工的；

（4）发包人无法继续履行或明确表示不履行或实质上已停止履行合同的；

（5）发包人不履行合同约定其他义务的。

22.2.2　承包人有权暂停施工

发包人发生除第 22.2.1（4）目以外的违约情况时，承包人可向发包人发出通知，要求发包人采取有效措施纠正违约行为。发包人收到承包人通知后的 28 天内仍不履行合同义务，承包人有权暂停施工，并通知监理人，发包人应承担由此增加的费用和（或）工期延误，并支付承包人合理利润。

22.2.3　发包人违约解除合同

（1）发生第 22.2.1（4）目的违约情况时，承包人可书面通知发包人解除合同。

（2）承包人按 22.2.2 项暂停施工 28 天后，发包人仍不纠正违约行为的，承包人可向发包人发出解除合同通知。但承包人的这一行动不免除发包人承担的违约责任，也不影响承包人根据合同约定享有的索赔权利。

22.2.4　解除合同后的付款

因发包人违约解除合同的，发包人应在解除合同后 28 天内向承包人支付下列金额，承包人应在此期限内及时向发包人提交要求支付下列金额的有关资料和凭证：

（1）合同解除日以前所完成工作的价款；

（2）承包人为该工程施工订购并已付款的材料、工程设备和其他物品的金额。发包人付还后，该材料、工程设备和其他物品归发包人所有；

（3）承包人为完成工程所发生的，而发包人未支付的金额；

（4）承包人撤离施工场地以及遣散承包人人员的金额；

（5）由于解除合同应赔偿的承包人损失；

（6）按合同约定在合同解除日前应支付给承包人的其他金额。

发包人应按本项约定支付上述金额并退还质量保证金和履约担保，但有权要求承包人支付应偿还给发包人的各项金额。

22.2.5　解除合同后的承包人撤离

因发包人违约而解除合同后，承包人应妥善做好已竣工工程和已购材料、设备的保护和移交工作，按发包人要求将承包人设备和人员撤出施工场地。承包人撤出施工场地应遵守第 18.7.1 项的约定，发包人应为承包人撤出提供必要条件。

22.3　第三人造成的违约

在履行合同过程中，一方当事人因第三人的原因造成违约的，应当向对方当事人承担违约责任。一方当事人和第三人之间的纠纷，依照法律规定或者按照约定解决。

23　索赔

23.1　承包人索赔的提出

根据合同约定，承包人认为有权得到追加付款和（或）延长工期的，应按以下程序向发包人提出索赔：

（1）承包人应在知道或应当知道索赔事件发生后 28 天内，向监理人递交索赔意向通知书，并说明发生索赔事件的事由。承包人未在前述 28 天内发出索赔意向通知书的，丧失要求追加付款和（或）延长工期的权利；

（2）承包人应在发出索赔意向通知书后 28 天内，向监理人正式递交索赔通知书。索赔通知书应详细说明索赔理由以及要求追加的付款金额和（或）延长的工期，并附必要的记录和证明材料；

（3）索赔事件具有连续影响的，承包人应按合理时间间隔继续递交延续索赔通知，说明连续影响的实际情况和记录，列出累计的追加付款金额和（或）工期延长天数；

（4）在索赔事件影响结束后的 28 天内，承包人应向监理人递交最终索赔通知书，说明最终要求索赔的追加付款金额和延长的工期，并附必要的记录和证明材料。

23.2　承包人索赔处理程序

（1）监理人收到承包人提交的索赔通知书后，应及时审查索赔通知书的内容、查验承包人的记录和证明材料，必要时监理人可要求承包人提交全部原始记录副本。

（2）监理人应按第 3.5 款商定或确定追加的付款和（或）延长的工期，并在收到上述索赔通知书或有关索赔的进一步证明材料后的 42 天内，将索赔处理结果答复承包人。

（3）承包人接受索赔处理结果的，发包人应在作出索赔处理结果答复后 28 天内完成赔付。承包人不接受索赔处理结果的，按第 24 条的约定办理。

23.3 承包人提出索赔的期限

23.3.1 承包人按第 17.5 款的约定接受了竣工付款证书后，应被认为已无权再提出在合同工程接收证书颁发前所发生的任何索赔。

23.3.2 承包人按第 17.6 款的约定提交的最终结清申请单中，只限于提出工程接收证书颁发后发生的索赔。提出索赔的期限自接受最终结清证书时终止。

23.4 发包人的索赔

23.4.1 发生索赔事件后，监理人应及时书面通知承包人，详细说明发包人有权得到的索赔金额和（或）延长缺陷责任期的细节和依据。发包人提出索赔的期限和要求与第 23.3 款的约定相同，延长缺陷责任期的通知应在缺陷责任期届满前发出。

23.4.2 监理人按第 3.5 款商定或确定发包人从承包人处得到赔付的金额和（或）缺陷责任期的延长期。承包人应付给发包人的金额可从拟支付给承包人的合同价款中扣除，或由承包人以其他方式支付给发包人。

24 争议的解决

24.1 争议的解决方式

发包人和承包人在履行合同中发生争议的，可以友好协商解决或者提请争议评审组评审。合同当事人友好协商解决不成、不愿提请争议评审或者不接受争议评审组意见的，可在专用合同条款中约定下列一种方式解决。

（1）向约定的仲裁委员会申请仲裁；

（2）向有管辖权的人民法院提起诉讼。

24.2 友好解决

在提请争议评审、仲裁或者诉讼前，以及在争议评审、仲裁或诉讼过程中，发包人和承包人均可共同努力友好协商解决争议。

24.3 争议评审

24.3.1 采用争议评审的，发包人和承包人应在开工日后的 28 天内或在争议发生后，协商成立争议评审组。争议评审组由有合同管理和工程实践经验的专家组成。

24.3.2 合同双方的争议，应首先由申请人向争议评审组提交一份详细的评审申请报告，并附必要的文件、图纸和证明材料，申请人还应将上述报告的副本同时提交给被申请人和监理人。

24.3.3　被申请人在收到申请人评审申请报告副本后的 28 天内，向争议评审组提交一份答辩报告，并附证明材料。被申请人应将答辩报告的副本同时提交给申请人和监理人。

24.3.4　除专用合同条款另有约定外，争议评审组在收到合同双方报告后的 14 天内，邀请双方代表和有关人员举行调查会，向双方调查争议细节；必要时争议评审组可要求双方进一步提供补充材料。

24.3.5　除专用合同条款另有约定外，在调查会结束后的 14 天内，争议评审组应在不受任何干扰的情况下进行独立、公正的评审，作出书面评审意见，并说明理由。在争议评审期间，争议双方暂按总监理工程师的确定执行。

24.3.6　发包人和承包人接受评审意见的，由监理人根据评审意见拟定执行协议，经争议双方签字后作为合同的补充文件，并遵照执行。

24.3.7　发包人或承包人不接受评审意见，并要求提交仲裁或提起诉讼的，应在收到评审意见后的 14 天内将仲裁或起诉意向书面通知另一方，并抄送监理人，但在仲裁或诉讼结束前应暂按总监理工程师的确定执行。

第二节　专用合同条款

专用合同条款是对通用合同的补充、修改，两者应对照阅读，一旦出现矛盾或不一致，则以专用合同条款为准，通用合同条款中未补充和修改的部分仍有效。专用条款中未明确的部分在签订合同协议书时由发包人和承包人协商确定。专用合同条款中若有引用国家、行业相关规范、规程等标准时，当所引用的标准更新时，按照最新标准执行。

1　词语约定

1.1　词语定义

1.1.1　合同

1.1.2（2）　发包人：指_____

1.1.2（3）　承包人：指_____

1.1.2（6）　监理人：指受发包人委托对合同履行实施管理的法人或其他组织的公司。

1.1.3（4）　单位工程：指招标范围或工程量清单范围内的永久工程。

1.1.3（10）　永久占地：指为实施项目工程所涉及的永久占地。

1.1.3（11）　临时占地：指为实施项目工程所涉及的临时占地。

1.1.4（5）　　缺陷责任期：指履行第 19.2 款约定的缺陷责任的期限，具体期限自工程移交生产验收之日起24 个月。

1.1.6　其他

（1）总价合同：是以施工图纸、规范为基础，在工程任务内容明确、发包人的要求条件清楚、计价依据和要求确定的条件下，发承包双方依据承包人编制的施工图预算商谈确定合同价款。当合同约定工程施工内容和有关条件不发生变化时，发包人付给承包人的工程价款总额就不会发生变化。当工程施工内容和有关条件发生变化时，发承包双方根据变化情况和合同约定调整工程价款，但对工程量变化引起的合同价款调整应遵循以下原则：

当合同价款是依据承包人根据施工图自行计算的工程量确定时，除工程变更造成的工程量变化外，合同约定的工程量是承包人完成的最终工程量，发承包双方不能以工程量变化作为合同价款调整的依据；

当合同价款是依据发包人提供的工程量清单确定时，发承包双方应依据承包人最终实际完成的工程量（包括工程变更、工程量清单错、漏）调整确定工程合同价款。

（2）单价合同：实行工程量清单计价的工程，一般应采用单价合同方式，即合同中的工程量清单项目综合单价在合同约定的条件内固定不变，超过合同约定条件时，依据合同约定进行调整；工程量清单项目及工程量依据承包人实际完成且应予以计量的工程量确定。

（3）成本加酬金合同：承包人不承担任何价款变化和工程量变化的风险，不利于发包人对工程造价的控制。通常在如下情况下，方选择成本加酬金合同：

①工程特别复杂，工程技术、结构方案不能预先确定，或者尽管可以确定工程技术和结构方案，但不可能进行竞争性的招标活动并以总价合同或单价合同的形式确定承包人；

②时间特别紧迫，来不及进行详细的计划和商谈，如抢险、救灾工程。

成本加酬金合同有多种形式，主要有成本加固定费用合同、成本加固定比例费用合同、成本加奖金合同等。

（4）风电项目"完工验收""整套启动试运验收""移交生产验收""竣工验收"按照《风力发电项目建设工程验收规程》（DL/T 5191—2004）规定执行。光伏项目"单位工程验收""启动验收""试运和移交生产验收""竣工验收"按照《光伏发电工程验收规范》（GB/T 50796—2012）规定执行。

1.4　合同文件的优先顺序

组成合同的各项文件应互相解释，互为说明，合同文件的优先顺序如下：

（1）合同协议书；

（2）中标通知书；

（3）专用合同条款；

（4）通用合同条款；

（5）招标文件；

（6）投标文件；

（7）技术标准和要求；

（8）图纸；

（9）已标价工程量清单；

（10）其他文件。

文件应认为是互为补充和解释的，但如有模棱两可或互相矛盾之处，以上面所列顺序在前的为准，同一顺序的则以时间在后的为准。

1.6　图纸和承包人文件

1.6.1　图纸的提供

发包人向承包人提供图纸时间和数量：合同签订后（根据工程实际需要）日内提供__2__套。

1.6.2　承包人提供的文件

由承包人提供的文件，包括（但不限于）由承包人设计和出具的图纸、施工总布置设计、临时设施设计、施工方法和措施、安保和环保措施等，承包人应在合同签订后7__日提供__8__套报送监理人，监理人应在__7__日内批复。

1.6.3　图纸的修改

图纸需要修改和补充的，应由监理人取得发包人同意后，在该工程或工程相应部位施工__7__日前签发设计修改图给承包人，承包人应按修改后的图纸施工。

1.7　联络

1.7.2　联络送达的期限：__3__日内。

2　发包人义务

发包人派驻的驻地负责人

姓名：_____　职务：_____

职权：代表发包人全权行使施工管理中发包单位职能。

2.3　提供施工场地

发包人按设计要求并结合现场条件，根据工程进度分阶段、分批次向承包人提供施工场地，以及施工场地内地下管线和地下设施等有关资料。

3　监理人

3.1　监理人的职责和权力

3.1.1　需要取得发包人批准才能行使的职权：（1）工程施工中的经济索赔；（2）调整工期；（3）重大质量事故的处理；（4）开工和停工令；（5）现场签证和设计变更可能引起的投资变化的确认。当监理人认为出现了可能危及生命或造成财产损失等紧急事件时，在不免除合同规定的承包人责任的情况下，监理人可以指示承包人实施为消除或降低这种风险所必须的工作，即使没有发包人的事先批准，承包人也应立即遵照执行。

3.2　总监理工程师

　　姓名：_____　职务：_____

4　承包人

4.1　承包人的一般义务

4.1.3　完成各项承包工作

（1）工程完工后，负责施工场地恢复。

（2）向发包人工程师、监理人工程师提供年、季、月、日度工程进度计划及相应进度统计报表。

（3）根据工程需要，提供和维修非夜间施工使用的照明、围栏设施，并负责安全保卫。

（4）向发包人提供施工场地办公和生活的房屋及设施（如需要）。

（5）遵守政府有关主管部门关于施工场地交通、施工噪音以及环境保护和安全生产等管理规定，按规定办理有关手续，自行承担由此发生的一切费用，并以书面形式报告发包人。

（6）已完工工程未交付发包人之前，承包人负责已完工工程的保护工作，保护期间发生损坏，承包人自费予以修复。发包人要求承包人采取特殊措施保护工程，发生费用时，在工程完工移交前由承包人负责，在工程移交后由发包人负责。

（7）做好施工场地地下管线和邻近建筑物、构筑物、古树名木的保护工作，费用由承包人承担。

（8）保证施工场地清洁、符合环境卫生管理的有关规定，交工前清理现场并满足以下要求：

在工程实施期间，承包人应使现场避免出现一切不必要的障碍物，存放并妥善处置承包人的任何设备或多余材料。在工程完工后，承包人应立即从现场清除并运走承包人的所有设备、剩余材料、残物、垃圾和临时工程。承包人应保持该现场与工程处于发包人代表满意的清洁和安全状态。除此之外，承包人应在现场保留为履行承包人合同规定的各项义务所需的那些承包人的设备、材料和临时工程，直至合同期结束。

若承包人不能在工程完工验收报告签发后 28 天内运走所有留下的承包人的设备、剩余材料、残物、垃圾和临时工程，发包人可予出售或另作处理。发包人有权从此类出售的收益中扣留足够款额以支付出售或处理及整理现场所发生的费用支出。此类收益的所有余额应归还承包人。若出售所得不足以补偿发包人的支出，则发包人可从承包人处收回不足部分的款额。

（9）施工用水、用电、通讯线路等修建与维护由承包人负责，费用已包含在合同总价中。

4.1.10 其他义务

（1）施工时可利用现有道路，如需要拓宽、修复，相关费用由承包人承担。

（2）施工过程中，承包人应遵守环境保护和水土保持法律法规等相关规定，履行合同约定的环境保护和水土保持义务，如造成环境破坏、水土流失、人身伤害和财产损失，由承包人负责。

（3）承包人应按照当地主管部门规定，缴纳民工权益保证金，同时必须及时结清施工人员工资，设备、材料采购货款，否则由此引起的一切后果负完全责任。

（4）本合同工程款承包人必须专款专用，不得挪作它用。发包人有权指定承包人开户银行，并请银行代为监督，发包人可随时对其账目进行查询。

（5）完成或配合各项验收工作。

4.4 联合体

如有，按通用合同条款执行。

4.5 承包人项目经理

姓名：_____ 职务：_____

项目经理在岗时间不低于 70%。

项目经理离开施工现场两天及以上需征得发包人批准。同时，应向发包人提出书面申请，征得发包人同意后方可离开，并应委派代表代行其职。

5 材料和工程设备

5.1 承包人提供的材料和工程设备

5.1.1 承包人提供的材料和工程设备：（见附表）。

承包人采购材料设备的约定：承包人采购的所有材料、设备均应达到国家规范"合格"标准以上，发现不合格材料、设备用于工程中，承包人无条件返工且费用自理。

5.2　发包人提供的材料和工程设备

5.2.1　发包人供应材料设备：(见附表)。

　　发包人提供的材料设备，发包人对其质量负责。发包人供应的材料设备，承包人派人参加清点后由承包人妥善保管，承包人承担相应保管费用。因承包人原因发生丢失损坏，由承包人负责赔偿。

　　发包人提供的材料设备具体交货方式、交货地点和计划交货日期由发包人根据工程实际确定。

6　施工设备和临时设施

6.2　发包人提供的施工设备和临时设施

　　发包人提供的施工设备和临时设施：(见附表)。

7　交通运输

7.1　道路通行权和场外设施

　　承包人根据合同工程的施工需要，负责办理取得出入施工场地的专用和临时道路的通行权，以及取得为工程建设所需修建场外设施的权利，并承担有关费用。

8　测量放线

8.1　施工控制网

8.1.1　发包人应在(根据工程实际确定日期)通过监理人向承包人提供测量基准点、基准线和水准点及其书面资料。承包人应根据国家测绘基准、测绘系统和工程测量技术规范，按上述基准点（线）以及合同工程精度要求，测设施工控制网，并在(根据工程实际确定日期)将施工控制网资料报送监理人审批。

9　施工安全、治安保卫和环境保护

9.2　承包人的施工安全责任

9.2.1　承包人应按合同约定履行安全职责，执行监理人有关安全工作的指示，并在按合同约定的《施工安全生产协议》要求编制施工安全措施计划报送监理人审批。

10　进度计划

10.1　合同进度计划

　　承包人提供施工组织设计（施工方案）和进度计划的时间：图纸会审和设计交底

后 5 日内提交。

监理人确认的时间：收到文件后 3 日内确认。

群体工程中有关进度计划的要求：由承包人按规定的技术要求排出网络计划，报监理人、发包人确认。

10.2　合同进度计划的修订

合同进度计划修订申请时间：发现实际进度与合同进度计划不符时 10 日内。

监理人批复时间：收到进度计划修改申请报告后 3 日内确认。

11　开工和竣工

11.5　承包人的工期延误

承包人逾期竣工违约金：按 5000 元/日支付违约金，但最高不超过合同总价 5%；特殊情况由发包人和承包人协商解决。

11.6　工期提前

提前竣工奖金：不适用。

15　变更

15.1　变更的范围和内容

15.1.1　经监理人审核，发包人复核无误后，必要时经设计单位认可后，在履行合同中发生以下情形之一，可按照本条规定进行变更。

（1）取消合同中任何一项工作。

（2）改变合同中任何一项工作的质量或其他特性。

（3）改变合同工程的基线、标高、位置或尺寸。

（4）为完成工程需要追加的额外工作。

（5）增加或减少合同的工程项目。

15.1.2　施工中承包人不得对原工程设计进行变更。因承包人擅自变更设计发生的费用和由此导致发包人的直接损失，由承包人承担，延误的工期不予顺延。

15.1.3　承包人在施工中提出的合理化建议涉及到对技术资料或施工组织设计的更改及对材料、设备的换用，须经发包人、监理人同意。未经同意擅自更改或换用时，承包人承担由此发生的费用，并赔偿发包人的有关损失，延误的工期不予顺延。

15.2　承包人的合理化建议

承包人提出的合理化建议降低了合同价格、缩短了工期或者提高了工程经济效益的，奖励不适用。

15.3 暂估价

15.3.1 发包人在工程量清单中给定暂估价的材料、工程设备和专业工程属于依法必须招标的范围并达到规定的规模标准的，由发包人和承包人以招标的方式选择供应商或分包人，确定价格，并以此为依据取代暂估价，调整合同价款。

15.3.3 发包人在工程量清单中给定暂估价的材料、工程设备和专业工程不属于依法必须招标的范围或未达到规定的规模标准的，应由承包人按照合同约定采购，经发包人确认单价后，取代暂估价，调整合同价款。

16 价格调整

16.1 物价波动引起的价格调整

因物价波动引起的价格调整按照本款约定处理：<u>本条不适用</u>。

16.2 法律变化引起的价格调整

在基准日后，因法律变化导致承包人在合同履行中所需要的工程费用发生除第 16.1 款约定以外的增减时，监理人应根据法律、国家或省、自治区、直辖市有关部门的规定，按第 3.5 款商定或确定需调整的合同价款：<u>本条不适用</u>。

16.3 合同价格及调整

16.3.1 本合同价款由招标范围中<u>A</u>、<u>B</u>两部分组成：

（1）A 为总价部分。约定：<u>价款包含为完成本工程项目所需的分部分项工程费、措施项目费、其他项目费、规费及税金等一切费用，除本合同专用条款第 15 条规定的变更除外，工程所涉所有风险均由承包人自行承担。</u>

风险费用的计算方法：<u>风险费用已含在总价内，不予调整。</u>

风险范围以外合同价款调整方法：<u>按本合同专用条款第 15 条的有关规定。</u>

本合同范围内，因合同专用条款第 15 条发生变更的，按以下原则处理：<u>工程变更和现场签证单项不超过 2000 元不予签证，给予签证的费用累计超过签约合同总价的 ±2%（含 2%），经发包单位、监理人确认后，在工程结算时对超出 ±2% 以外的部分予以调整。</u>

（2）B 为单价部分。约定：<u>综合单价不变，以监理和发包人核定后的实际完成工程量乘以综合单价的方式结算。</u>

价款调整方法：<u>按本合同专用条款第 15 条有关规定。</u>

（3）合同总价：_____。其中，不含税价：_____，增值税税额：_____，增值税税率：_____。

单位名称：_____；

纳税人识别号：＿＿＿＿＿＿＿＿＿＿＿；

地址：＿＿＿＿＿＿＿＿＿＿＿＿＿＿＿；

电话：＿＿＿＿＿＿＿＿＿＿＿＿＿＿＿；

开户行名称：＿＿＿＿＿＿＿＿＿＿＿；

账户：＿＿＿＿＿＿＿＿＿＿＿＿＿＿＿。

单位名称：＿＿＿＿＿＿＿＿＿＿＿＿＿；

纳税人识别号：＿＿＿＿＿＿＿＿＿＿＿；

地址：＿＿＿＿＿＿＿＿＿＿＿＿＿＿＿；

电话：＿＿＿＿＿＿＿＿＿＿＿＿＿＿＿；

开户行名称：＿＿＿＿＿＿＿＿＿＿＿；

账户：＿＿＿＿＿＿＿＿＿＿＿＿＿＿＿。

17　计量与支付

17.1.2　计量方法：计算规则可依据以下（1）执行。

（1）《电力建设工程工程量清单计价规范输电线路工程》（DL/T 5205—2011）和《电力建设工程工程量清单计价规范变电工程》（DL/T 53415—2011）；

（2）《建设工程工程量清单计价规范》（GB 50500—2013）；

（3）发包人给定的工程量明细文件。

17.1.3　计量周期

工程量按月计量，在计量周期内承包人向发包人、监理人提交已完工程量的报告。

17.1.4　单价子目的计量

（1）计量由监理人确认前必须经发包人同意。

（2）对承包人超出合同范围和因承包人原因造成返工的工程量，发包人、监理人不予计量。

17.1.5　总价子目的计量

（1）计量由监理人确认前必须经发包人同意。

（2）对承包人超出合同范围和因承包人原因造成返工的工程量，发包人、监理人不予计量。

17.2　预付款

17.2.1　预付款

合同签订后，发包人收到承包人提交的以下材料审核无误后15日内支付合同总价10％的预付款（此预付款中包含预付的安全文明施工费）：

（1）金额为合同总价 10％的履约保函；

（2）金额为合同总价 10％的预付款保函；

（3）金额为本次实际支付价款等额的财务收据；

（4）承包人对发包人设备投保的保单原件。（若有）

承包人不提供预付款保函的，发包人不支付预付款，按照工程进度直接支付进度款。

履约保函格式见附件二，保函须保证自发包人与承包人签订的合同生效之日起至发包人签发工程移交生产验收证书之日有效；若保函到期 30 日前工程未通过移交生产验收，承包人须就履约保函办理续保手续，否则发包人有权从任何一笔付款中扣留相应金额履约保证金，同时发包人保留采用其他方式追索的权利。

预付款保函格式见附件三，保函须保证自预付款支付给承包人起生效，至发包人签发的进度付款证书说明已完全扣清止有效；若保函到期 30 日前预付款未扣回，承包人须就预付款保函办理续保手续，否则发包人有权从任何一笔付款中一次性扣回相应金额预付款，同时发包人保留采用其他方式追索的权利。

17.2.2　预付款保函

预付款保函在预付款全部扣回后 5 个工作日内无息返回给承包人。

17.2.3　预付款的扣回与还清

扣回工程预付款的时间、比例：工程预付款从第一次工程进度款支付起扣，按照每次已完成工程量价款的20％扣回，到最后一笔工程进度款支付前全部扣完。

17.3　工程进度付款

17.3.1　本工程进度款为合同总价的80％，发包人凭承包人提交的下述材料审核无误后 15 天内，按照发包人及监理人确认的当月（次）已完工程价款的80％（支付时扣回预付款）向承包人支付工程进度款：

（1）监理人签发且发包人现场代表确认的工程量付款证书正本 1 份、副本 1 份；

（2）设备到货清单及开箱验收证明（若合同范围中不含设备采购，则不提供）；

（3）盖有承包人公司财务章的有效财务收据 1 份，并说明款项名称、金额及合同号等内容；

（4）承包人提供已完工程价款 100％的增值税专用发票 1 份，其中：由承包人采购的设备部分（若有，则为表 5-14 投标人采购设备表中所列部分），承包人应按 17％的税率向发包人开具增值税专用发票；建筑安装工程费用部分，承包人应按 11％的税率向发包人开具增值税专用发票；勘察设计费用部分（若有），承包人应按 6％的税率向发包人开具增值税专用发票。

17.3.2　工程安装调试完毕通过整套启动试运验收，发包人凭承包人提交的下述材料审核无误后 15 天内支付合同总价 5%；

（1）盖有承包人公司财务章的有效财务收据 1 份，并说明款项名称、金额及合同号等内容；

（2）提供整套启动验收证明；

（3）合同规定的承包人需履行的其他义务和提交的文件资料、计划、措施等。

17.3.3 工程试运行结束并通过移交生产验收，发包人凭承包人提交的下述材料审核无误后 15 天内支付合同总价的 5%，同时退还履约保函：

（1）盖有承包人公司财务章的有效财务收据 1 份，并说明款项名称、金额及合同号等内容；

（2）提供移交生产验收证明；

（3）承包人应移交给发包人的所有档案资料。

17.3.4 工程审计完成并通过竣工验收，发包人凭承包人提交的下述材料审核无误后 15 天内支付至合同结算价的 100%，同时扣除合同结算价的 3% 作为质量保证金；

（1）盖有承包人公司财务章的有效财务收据 1 份，并说明款项名称、金额及合同号等内容；

（2）提供竣工验收证明。

17.3.5 剩余合同结算价的 3% 作为质量保证金。

17.4 质量保证金

17.4.1 质量保证金为合同总结算价的 3%，在竣工验收结算时一次性扣除。

17.5 竣工结算

17.5.1 工程完工后 28 天内，承包人应向监理人和发包人提交竣（完）工结算资料一式 6 份。

17.5.3 承包人按发包人的要求认真完成竣（完）工结算工作，在每个分部工程完成后均应做好该项的完工结算报表及资料交审，在单位、单项工程的标段全部完成后及时汇总办理竣（完）工结算；承包人未在规定时间内提交竣（完）工结算文件或承包人竣（完）工资料上报不全时，经发包人催促后 14 天内仍未提交或没有明确答复，发包人将只对已有资料进行竣（完）工结算审核，承包人必须认可，且由此造成的损失由承包人承担。发包人在收到承包人提交的竣（完）工结算文件后应及时审核，发包人将委托有资质的造价咨询机构审核竣（完）工结算，承包人应对其编制的竣（完）工结算文件的准确性负责。

17.5.4 承包人应尊重并认可发包人委托的有资质的造价审计机构审核意见，并根据审核结果及时办理竣工结算及资料移交工作，最终合同结算金额以发包人委托的有资质的造价审计机构审核意见为准。

17.6 最终结清

<u>在缺陷责任期满且合同范围内所有责任义务履行完毕</u>，发包人凭承包人提交的下述材料审核无误后 15 天内支付剩余款项：

（1）盖有承包人公司财务章的有效财务收据 1 份，并说明款项名称、金额及合同号等内容；

（2）最终结清申请单，并提供相关证明材料；

（3）发包人签发的缺陷责任期终止证明。

17.7 增值税专用发票

（1）乙方应按照结算款项金额向甲方提供符合税务规定的增值税专用发票，甲方在收到乙方提供的合格增值税专用发票后支付款项。

（2）乙方应确保增值税专用发票真实、规范、合法，如乙方虚开或提供不合格的增值税专用发票，造成甲方经济损失的，乙方承担全部赔偿责任，并重新向甲方开具符合规定的增值税专用发票。

（3）合同变更如涉及增值税专用发票记载项目发生变化的，应当约定作废、重开、补开、红字开具增值税专用发票。如果收票方取得增值税专用发票尚未认证抵扣，收票方应在开票之日起 180 天内退回原发票，则可以由开票方作废原发票，重新开具增值税专用发票；如果原增值税专用发票已经认证抵扣，则由开票方就合同增加的金额补开增值税专用发票，就减少的金额依据收票方提供的红字发票信息表开具红字增值税专用发票。

18 竣工验收

按照《风力发电项目建设工程验收规程》（DL/T 5191—2004）或《光伏发电工程验收规范》（GB/T 50796—2012）规定执行。

19 缺陷责任与保修责任

19.3 缺陷责任期的延长

由于承包人原因造成某项缺陷或损坏使某项工程或工程设备不能按原定目标使用而需要再次检查、检验和修复的，发包人有权要求承包人相应延长缺陷责任期。

20 保险

20.1 工程保险

本工程建安工程一切险发包人已整体投保，承包人可不再投保建安工程一切险。

20.2 人员工伤事故的保险

20.2.1 承包人员工伤事故的保险

承包人应依照有关法律规定参加工伤保险，为其履行合同所雇佣的全部人员，缴纳工伤保险费，并要求其分包人也进行此项保险。

20.3 人身意外伤害险

20.3.2 承包人应在整个施工期间为其现场机构雇用的全部人员，投保人身意外伤害险，缴纳保险费，并要求其分包人也进行此项保险。保险费含在合同价格中。

20.5 其他保险

（1）承包人应为其施工设备、进场的材料和工程设备等投保运输一切险，保险金额为合同设备价值的 110％，保险覆盖范围应从启运地仓库开始至工地卸货仓库/工地安装现场并经开箱检验合格为止。保险费含在合同价格中。

（2）承包人应为自己提供的施工机具购买保险，保险期限应覆盖整个施工周期。保险费含在合同价格中。

（3）承包人认为需要购买的其他必要保险。保险费含在合同价格中。

20.6 对各项保险的一般要求

20.6.1 保险凭证

在各个期限内（从开工日期算起），承包人应向发包人提交：

（1）本条所述的应由承包人购买的保险已生效的证明；

（2）上述须承包人购买的保险的保险单的副本。

20.6.6 报告义务

当保险事故发生时，承包人应及时向保险公司和发包人报告，并配合保险公司处理理赔相关事宜。

20.7 补充条款

（1）本条保险相关规定不限制合同的其余条款或其他文件所规定的承包人或发包人的义务和责任。任何未保险或未能从承保人处收回的款额应由承包人和（或）发包人相应负担。

（2）发包人购买的建安一切险，仅为工程参与各方的风险保障；如因承包人原因导致风险事故发生，承包人应积极承担理赔相关责任，保险赔偿不足部分由承包人负责。

（3）上述各项应由承包人投保的保险费用已含入合同总价，发包人不再另行支付；发包人投保的建安一切险费用由发包人承担，承包人不应计入投标报价。

22　违约

22.1.2　对承包人违约的处理

（1）本合同通用条款第22.1.1款(2)约定承包人违约承担的违约责任：按5000元/次支付违约金，但最高不超过工程合同总价的5%。

（2）本合同通用条款第22.1.1款(3)、(5)约定承包人违约承担的违约责任：按5000元/次支付违约金，但最高不超过工程合同总价的5%；同时发包人有权委托第三方处理承包人未完成的事项，相关费用从承包人合同款中扣除，且承包须赔偿由此造成的发包人损失。

（3）承包人违反本合同通用条款第22.1.1（1）或22.1.1（6）约定的，应该向发包人支付工程合同总价5%的违约金。

（4）承包人违反本合同通用条款第22.1.1（4）的约定，造成或预期造成工期延误，经发包人或者监理人发出整改通知28天后，承包人仍不纠正违约行为的，发包人可向承包人发出解除合同通知，既可以全部解除，也可以部分解除。部分解除的，发包人有权将部分工程量调整给其他施工单位实施，并相应扣减该部分工程价款。发包人采取的措施并不减轻或者免除承包人继续履行合同的义务和应承担的违约责任，导致工程进度延误的，每延误一天，按合同总价的千分之一向发包人支付违约金。

（5）双方约定的承包人其他违约责任：承包人在施工过程中对发包单位和监理人合理合法管理指令不予执行或执行不力的，发包单位和监理人可对承包人以5000元/次处罚。

（6）上述所有违约惩罚和赔偿均不免除承包人根据合同应承担的任何责任。

22.1.2　若承包人违约或造成质量事故，按照国家相关法律、法规承担相应的赔偿责任，发包人及上级单位可根据内部管理制度将其列入不合格承包商。

23　不可抗力

双方关于不可抗力的约定：按国家有关规定。

24　争议的解决

24.1　争议的解决方式

合同双方在履行合同中发生争议的，友好协商解决。协商不成的，诉讼解决。在诉讼期间，除正在进行诉讼的部分外，本合同的其他部分应继续执行。

25　补充条款

25.1　项目经理和项目技术负责人自项目开工到项目移交生产完成前不得兼职。

25.2　项目经理和项目技术负责人自项目开工到项目移交生产完成前原则上不准离开工地，确有特殊情况需离开工地时，需向发包人现场代表或监理人提出书面申请，发包人现场代表或监理人签字同意后方可离开，并应委派代表代行其职。项目经理及项目技术负责人离开工地未向发包人现场代表或监理人书面请假并获得批准或无正当理由超假的，分别给予 10000 元/天、5000 元/天的违约金处罚。

25.3　当承包人违约金、赔偿费达到合同总价的 8％时，发包人有权终止合同并没收履约保证金，同时保留以其他方式追索的权利。

25.4　当承包人无法继续履行或实质上已停止履行合同时，或出现进度严重滞后、质量严重不达标等情形时，发包人有权对承包人的承包范围和工程量进行调整。

25.5　承包人应为自行运输过程中造成的工地内外公共道路、桥梁或其他损坏损失负全部责任，并承担全部费用和可能引起的索赔。

25.6　由承包人负责运输的物件中，若遇有超大件或超重件时，应由承包人负责向交通管理部门办理申请手续。运输超大件或超重件所需进行的道路和桥梁临时加固改造费用和其他有关费用，均由承包人承担。

25.7　永久设备安装余量和包装材料的回收

（1）设备安装中剩余零部件和材料承包人必须完好回收，登记造册，送回设备仓库并办理物资核销手续；安装中损坏部件应报废处理，但必须经发包人、监理人审定认可。

（2）永久设备的电缆头、集装箱、包装箱、支撑物、垫木等废弃材料属发包人所有，承包人在部件材料取出后 7 天内应将上述材料归还发包人。

25.8　承包人承诺严格遵守国家财政部和安全监管总局发布的《企业安全生产费用提取和使用管理办法》（财企〔2012〕16 号）的规定使用，不得挪作他用。若承包人不能根据工程需要及时配备劳动保护用品、安全防护材料、工器具、设备、消防设施，发包人有权直接购置，相关费用从工程结算价款扣回，同时并不免除承包人应承担的责任。

25.9　在工程施工过程中，承包人应按照合同和发包人要求做好水土保持、环境保护工作。质保期满时，若由于承包人原因未通过水保、环保等验收工作，则扣留合同结算金额 2％作为恢复水保、环保施工措施费，待项目通过水保、环保验收后多退少补。

25.10　承包人应尊重并认可发包人委托的有资质的造价审计机构审核意见，并根据审核结果及时办理竣工结算及资料移交工作，最终合同结算金额以发包人委托的有资质的造价审计机构审核意见为准。

第三节　合同附件格式

附件一　合同协议书格式

合同协议书

（发包人名称，以下简称"发包人"）为实施_____（项目名称及标段），已接受_____（承包人名称，以下简称"承包人"）对本项目的投标。发包人和承包人共同达成如下协议。

1. 本协议书与下列文件一起构成合同文件：

（1）合同协议书；

（2）中标通知书；

（3）专用合同条款；

（4）通用合同条款；

（5）招标文件；

（6）投标文件

（7）技术标准和要求；

（8）图纸；

（9）已标价工程量清单；

（10）其他文件。

2. 上述文件互相补充和解释，如有不明确或不一致之处，以合同约定次序在先者为准。

3. 签约合同价：人民币（大写）_____（¥_____）。

4. 合同范围：_____。

5. 工程质量符合设计文件及其他相关规范要求的标准。

6. 承包人承诺按合同约定承担工程的实施、完成及缺陷修复。

7. 发包人承诺按合同约定的条件、时间和方式向承包人支付合同价款。

8. 承包人应按照监理人指示开工，工期为日历天。

9. 本协议书一式__12__份；其中正本 2 份，双方各执 1 份；副本 10 份，发包人执 8 份，承包人执 2 份；当正本与副本不一致，以正本为准。

10. 合同未尽事宜，双方另行签订补充协议。补充协议是合同的组成部分。

发包人：（盖单位章）　　　　　　　承包人：（盖单位章）

法定代表人或其委托代理人：（签字）　法定代表人或其委托代理人：（签字）

　　年　　月　　日　　　　　　　　　　年　　月　　日

附件二 履约保函格式

履约保函

致：（受益人）

鉴于：本保函的申请人（以下简称"申请人"）与贵方于__年__月__日签订了编号为__的《___》（或申请人收到项目的《中标通知书》，即将与贵方签订）（以下简称"基础合同"）。

为了保证申请人充分履行其在基础合同项下的义务，应申请人的申请和指示，我行，即（以下简称"本行"），兹出具以贵方为受益人的本履约保函，其性质为见索即付的独立保函，适用国际商会《见索即付保函统一规则》。本行于此无条件地、不可撤销地保证本行向贵方承担偿付总额最高不超过人民币大写（￥）___（此数额即为本保函的担保限额）的担保责任，并约定如下：

一、本行无条件且不可撤销地承诺：一旦贵方向本行提交符合下列条件的索偿通知，本行将在收到该索偿通知后__个银行工作日内无条件地将贵方索偿的款项一次性付往贵方在该索偿通知中指定的贵方账户：（1）贵方在索偿通知中声明申请人未能完全适当地履行基础合同项下的义务及/或责任，并引述申请人所违反的基础合同条款原文；（2）索偿通知由贵方以书面信函（须注明作成日期并加盖贵方公章）方式出具，注明基础合同的编号（如有）和名称及本保函的编号。

二、索偿通知应在本保函的有效期内送达本行。索偿款项应以人民币计算并表示为确定不变的数额。在本保函的有效期内及担保限额内，贵方可以一次或分多次提出索偿，但贵方提出索偿的累计金额不得超过本保函的担保限额。本保函的担保限额根据本行向贵方履行的偿付金额而自动递减。

三、本保函项下已签订基础合同的，自开立之日起生效（即将签订基础合同的，自签订基础合同之日起生效），至__年__月__日（该日为非银行营业日时则以该日之前的最后一个银行营业日为准）本行对公营业时间结束时或正本退回我行之日（以两者之较早的日期为准）有效期届满。在有效期届满时本保函即自动失效，对本行不再具有任何约束力。

四、本保函的效力以及本行在本保函项下对贵方承担的义务和责任是完全独立的，并不取决于任何交易、合同/协议、承诺（包括但不限于基础合同）的存在或有效性，也不取决于本保函中未列明的任何条款或条件，并且不受对基础合同及/或贵方与申请人之间的任何协议所作的任何变更、补充、终止或提前/延迟终止的影响。

五、本保函项下的任何权利、利益和收益均不得转让，也不得转移。

备注：卖方在获得买方书面同意后，可采用银行提供的保函格式，其主要内容须与本保函内容原则一致，且必须保证保函为无条件地、不可撤销的保函。

保函开立银行：（盖单位章）

法定代表人/主要负责人：

（或其委托代理人）：（签字）

保函开立日期：　　年　月　　日

附件三　预付款保函格式

预付款保函

致：（受益人）

鉴于：本保函的申请人（以下简称"申请人"）与贵方于__年__月__日签订了编号为__的《____》（以下简称"基础合同"）。根据基础合同约定的条件，贵方将在收到向贵方出具的银行保函后向申请人预付相当于合同总价之_____％的款项人民币大写（￥）（即预付款）。

为了保证申请人按照基础合同约定使用预付款，应申请人的申请和指示，我行，即（以下简称"本行"），兹出具以贵方为受益人的本预付款保函，其性质为见索即付的独立保函，适用国际商会《见索即付保函统一规则》。本行于此无条件地、不可撤销地保证本行向贵方承担偿付总额最高不超过人民币大写（￥）____（此数额即为本保函的担保限额）的担保责任，并约定如下：

一、本行无条件且不可撤销地承诺：一旦贵方向本行提交符合下列条件的索偿通知，本行将在收到该索偿通知后__个银行工作日内无条件地将贵方索偿的款项一次性付往贵方在该索偿通知中指定的贵方账户：（1）贵方在索偿通知中声明申请人未按照基础合同约定使用预付款，也未退回预付款；（2）索偿通知由贵方以书面信函（须注明作成日期并加盖贵方公章）方式出具，注明基础合同的编号（如有）和名称及本保函的编号。

二、索偿通知应在本保函的有效期内送达本行。索偿款项应以人民币计算并表示为确定不变的数额。在本保函的有效期内及担保限额内，贵方可以一次或分多次提出索偿，但贵方提出索偿的累计金额不得超过本保函的担保限额。本保函的担保限额根据本行向贵方履行的偿付金额而自动递减。

三、本保函自贵方将预付款支付给申请人之日起生效，至__年__月__日（该日为非银行营业日时则以该日之前的最后一个银行营业日为准）本行对公营业时间结束时或正本退回我行之日（以两者之较早的日期为准）有效期届满。在有效期届满时本保函即自动失效，对本行不再具有任何约束力。

四、本保函的效力以及本行在本保函项下对贵方承担的义务和责任是完全独立的，并不取决于任何交易、合同/协议、承诺（包括但不限于基础合同）的存在或有效性，也不取决于本保函中未列明的任何条款或条件，并且不受对基础合同及/或贵方与申请人之间的任何协议所作的任何变更、补充、终止或提前/延迟终止的影响。

五、本保函项下的任何权利、利益和收益均不得转让，也不得转移。

备注：卖方在获得买方书面同意后，可采用银行提供的保函格式，其主要内容须与本保函内容原则一致，且必须保证保函为无条件地、不可撤销的保函。

保函开立银行：（盖单位章）

法定代表人/主要负责人：

（或其委托代理人）：（签字）

保函开立日期： 年 月 日

附件四　施工安全生产协议

施工安全生产协议

甲　方（发包人）：_____

乙　方（承包人）：_____

为贯彻"安全第一、预防为主、综合治理"的方针，明确双方安全生产责任，确保工程施工安全，依据《中华人民共和国安全生产法》等法律、法规，签订本协议。

第一条　安全生产目标

（一）生产安全事故死亡率为零。

（二）生产安全事故重伤率为零。

（三）不发生直接经济损失 30 万元以上的生产安全事故。

（四）不瞒报、谎报、迟报生产安全事故。

（五）不发生职业病。

第二条　甲方（发包人）安全责任与义务

（一）严格遵守国家有关安全生产的法律法规及中国三峡集团的各项安全管理规定，认真执行工程承包合同中的有关安全要求。

（二）建立健全安全生产组织和管理机制，负责建设工程安全生产组织、协调、监督职责。建立由发包人、设计人、监理人和施工承包人等参加的安全生产委员会。

（三）建立健全工程建设安全管理制度，规范参建各方的安全管理职责和工作程序。

（四）严格承包人准入管理，查验承包人的生产经营范围和有关资质，履行工程分包管理监督责任，严禁施工单位转包和违法分包，将分包单位纳入工程安全管理体系，严禁以包代管。

（五）向承包人提供施工现场及毗邻区域内各种地下管线、气象、水文、地质等相关资料，提供相邻建筑物和构筑物、地下工程等有关资料。

（六）按照国家有关安全生产费用投入和使用管理规定，根据工程建设进展情况，及时、足额向承包人支付安全生产费用。

（七）建立健全安全生产监督检查和隐患排查治理机制，实施施工现场全过程安全生产管理，定期组织对承包人开展安全生产检查，督促承包人落实安全责任，及时消除安全隐患，对承包人的安全管理进行监督考核。

（八）积极推进工程现场安全生产标准化工作，督促承包人实行现场安全标准化管理。

（九）建立工程应急管理体系，编制应急综合预案，组织设计人、监理人、承包人等制定各类安全事故应急预案，落实应急组织、程序、资源及措施，定期组织演练，建立与国家有关部门、地方政府应急体系的协调联动机制，确保应急工作有效实施。

（十）组织参建单位落实防灾减灾责任，建立健全自然灾害预警和应急响应机制，对重点区域、重要部位地质灾害情况进行评估检查。应当对营地选址布置方案进行风险分析和评估，合理选址。组织承包人对易发生泥石流、山体滑坡等地质灾害工程项目的生活办公营地、生产设备设施、施工现场及周边环境开展地质灾害隐患排查，制定和落实防范措施。

（十一）建立健全安全生产应急响应和事故处置机制，实施突发事件应急抢险和事故救援，不得瞒报、谎报、迟报事故。

（十二）及时协调和解决影响安全生产的重大问题。

第三条　乙方（承包人）安全责任与义务

（一）严格遵守国家有关安全生产的法律法规及中国三峡集团、发包人的各项安全管理规定，认真执行工程承包合同中的有关安全要求。

（二）对施工现场的安全生产负责，应按照"党政同责、一岗双责、齐抓共管、失职追责"的原则，建立健全纵向到底，横向到边的安全生产责任制，规定从项目经理、书记、分管生产经营副经理、分管安全副经理、总工程师等管理人员到基层员工的岗位安全生产职责，并将分包商纳入本单位统一的安全生产管理体系，确保层层落实安全生产责任。

（三）设置独立的安全生产管理机构，配备专职分管安全生产工作的项目副经理及专职安全管理人员，专职安全管理人员数量不低于施工总人数2％，专职负责安全生产管理工作。

（四）建立健全安全生产管理制度和操作规程，并确保制度和操作规程执行到位。

（五）按国家有关规定和合同约定计列和使用安全生产费用。应当编制安全生产费用使用计划，报监理人审批，实施后需计量支付，确保专款专用。

（六）自行完成主体工程的施工，除可依法对劳务作业进行劳务分包外，不得对主体工程进行其他形式的施工分包；禁止任何形式的转包和违法分包。

（七）依法将主体工程以外项目进行专业分包的，分包单位必须具有相应资质和安全生产许可证。承包人应履行工程安全生产监督管理职责，严格分包单位准入，承担工程安全生产连带管理责任，分包单位对其承包的施工现场安全生产负责。

（八）实行劳务分包的，承包人应当履行劳务分包安全管理责任，派驻专职安全管理人员对劳务分包单位进行安全管理，将劳务派遣人员、临时用工人员纳入本单位的安全管理体系，落实安全措施，加强作业现场管理和控制，并对施工现场的安全生产承担主体责任。

（九）在工程开工前，承包人应当开展现场查勘，编制安全预评价报告、施工组织设计、施工方案和安全技术措施并按相关管理规定报发包人、监理人同意。

（十）在施工组织设计中编制安全技术措施和施工现场临时用电方案，对达到一定规模的危险性较大的分部分项工程（基坑支护与降水工程、土方开挖工程、模板工程、起重吊装工程、脚手架工程、拆除、爆破工程等）编制专项施工方案，并附具安全验算结果，经承包人技术负责人、监理人总监理工程师签字后实施，由专职安全生产管理人员进行现场监督；对复杂自然条件、复杂结构、技术难度大及危险性较大的分部分项工程，承包人应组织专家进行论证、审查。

（十一）分部分项工程开工前，承包人负责项目管理的技术人员应当向作业人员进行安全技术交底，如实告知作业场所和工作岗位可能存在的风险因素、防范措施以及现场应急处置方案，并由双方签字确认。

（十二）承包人进行有限空间作业、临近高压输电线路作业、危险场所动火作业、爆破作业、吊装作业等危险作业时，应当制定作业方案，经本单位技术负责人审查同意，确认现场作业条件符合安全作业要求，确认作业人员的上岗资格、身体状况及配备的劳动防护用品符合安全作业要求，向作业人员说明现场危险因素、作业安全要求及应急措施，安排专门人员进行现场安全管理，发现危及人身安全的紧急情况时，采取应急措施，立即停止作业并撤出作业人员。

（十三）建立风险分级管控机制，定期开展安全风险辨识，科学评定安全风险等级，制定针对性措施有效管控安全风险，对存在较大安全风险的工作场所，要设置明显警示标识，强化危险源监测和预警。

（十四）建立隐患排查治理长效机制，定期组织施工现场安全检查和隐患排查治理活动。施工班组每天开展日常安全检查，施工队每周至少开展一次安全生产综合大检查，承包人每月至少组织一次安全生产综合大检查，每季度开展一次有关消防、道路交通安全、设备安全、防坍塌安全等类型的专项检查，对检查出的隐患承包人应下达书面隐患整改通知书，限期整改闭合。同时，承包人应积极配合发包人的安全生产检查，对发包人签发的安全隐患整改通知书应及时进行整改。

（十五）承包人应积极推进安全生产标准化，确保施工现场标准化施工，严格按照行业标准开展安全生产标准化达标评级；按规定设置安全标志牌，安全标识标牌准确、醒目并满足现场要求。

（十六）按照相关规定组织开展安全生产教育培训工作。项目主要负责人、专职安全生产管理人员、特种作业人员需经培训合格后持证上岗，新入场人员特别是农民工应经过三级安全教育，考试合格后持证上岗作业。新入场人员（含农民工）安全培训不少于 32 学时，每年再培训不少于 20 学时。每个施工人员都应熟悉安全管理制度和安全操作规程。

（十七）应当按照规定召开班前会和危险预知活动，明确当班任务，分析存在的风险，制定有效的防范措施。承包人必须按规定为现场作业人员配备劳动防护用品，不按规定穿戴防护用品的人员不得上岗。

（十八）负责管辖范围内的防洪度汛工作，应编制年度防洪度汛方案和应急预案，经监理人批准后实施。

（十九）负责管辖范围内的地质灾害防治工作，加强施工区域内和附近有可能对施工造成影响的冲沟、变形体的监测和防护，采取必要的工程措施，对山洪、泥石流、崩塌等地质灾害点按设计方案进行疏导、拦挡、清理，确保施工安全。

（二十）对工程施工可能造成损害和影响的毗邻建筑物、构筑物、地下管线、架空线缆、设计及周边环境采取专项防护措施。对施工现场出入口、通道口、孔洞口、邻近带电区、易燃易爆及危险化学品存放处等危险区域和部位采取防护措施并设置明显的安全警示标志。

（二十一）负责管辖范围内的消防工作，制定用火、用电、易燃易爆材料使用等安全管理制度，建立消防管理机构，配备相应人员，确定消防安全责任人；按规定设置消防通道、消防水源、消防设施和消防器材，并定期进行消防安全检查。

（二十二）按照国家有关规定采购、租赁、验收、检测、发放、使用、维护和管理施工机械、特种设备，建立施工设备安全管理制度、安全操作规程及相应的管理台账、维保记录档案。应配置专门的机构和人员负责施工设备（包括其辖区内发包人的施工设备）的安全管理工作。严格遵守各类设备的安全操作规程，确保设备所有安全保护装置、机构的齐备、完好、可靠。采取有效的预防控制措施，防止设备的碰撞、倾覆、失控。

（二十三）承包人使用的特种设备应是取得许可生产并经检验合格的特种设备。特种设备的登记标志、检测合格标志应置于该特种设备的显著位置。

（二十四）在进行调试、试运行前，应当按照法律法规和工程建设强制性标准，编制调试大纲、试验方案，对各项试验方案制定安全技术措施并严格实施。

（二十五）为履行本合同，需要使用、运输并贮存炸药、雷管、导爆索等民爆物品时，应事先采取必要的安排或预防措施，并应遵守民爆物品有关安全管理规定。对于其他易燃易爆品或其他在使用、运输或贮存中的危险物品，也应遵守有关的法律、条例和规定。承包人应对施工爆破产生的振动、冲击波、飞石等对承包的工程结构（包括围岩）相邻或附近的已建建筑物与设备设施承担安全责任。

（二十六）承包人应加强职业健康管理，要采取有效措施防范职业病发生，尤其要落实防尘、防毒措施。对从事具有职业危害的施工生产人员应在岗前、岗中、离岗时进行职业病体检，岗中体检每年不少于一次。

（二十七）施工中采用新技术、新工艺、新设备、新材料时，必须制定相应的安全技术措施和安全操作规程。

（二十八）根据工程施工特点、范围，制定应急救援预案、现场处置方案，并组织开展应急培训和演练。应将分包单位纳入应急管理体系，组织分包单位开展应急管理工作。

（二十九）对其工程以及其管辖范围内的人员、材料和设备（包括在其辖区内发包人的人员、材料和设备）的安全负责。应负责做好辖区工作场所和居住区的日常治安保护工作。

（三十）若发生安全事故，承包人应积极采取有效措施，救治受伤人员、保护事故现场、防止事故扩大或发生衍生事故，并及时、如实向发包人和行业、地方负有安全生产监督管理的部门报告，不得隐瞒不报、谎报、迟报。承包人应处理好事故善后事宜，并按照"四不放过"的原则进行事故调查与处理。当发生人员死亡事故，应由承包人上级主管部门成立事故调查组，认真开展事故调查和处理工作，并及时向发包人报送事故调查和处理报告。承包人应服从发包人的统一指挥，积极配合发包人及其上级主管单位事故调查组开展事故调查，根据发包人提出的事故处理意见对事故责任人进行处罚和整改措施落实，并按规定向发包人支付违约金。

第四条　违约责任

（一）发包人有权对承包人合同履行期间的安全生产落实情况进行定期监督考核，并将考核结果在全工地通报。

（二）合同履行期间，承包人在发包人组织的安全生产考核中，连续两次考核后两名的，发包人有权约谈承包人项目经理；连续两次考核不合格的，发包人有权清退承包人项目经理甚至终止工程合同，并由承包人承担由此造成的全部损失。

（三）承包人对员工安全培训不到位，未对新入场人员进行岗前培训、岗前培训或再培训不满足学时要求的，应按 500 元/人次向发包人支付违约金。

（四）承包人未落实安全生产法律法规标准和合同约定的有关规定，造成重大安全生产隐患或同类安全生产隐患重复发生的，应按 1~2 万元/次向发包人支付违约金。

（五）承包人不按期整改且无正当理由或拒不整改发包人指出的安全隐患的，按 2~5 万元/次向发包人支付违约金，同时，发包人有权安排第三方消除安全隐患，所需费用由承包人承担。

（六）承包人违反安全生产管理规定导致安全生产事故发生，死亡按 50 万元/人向发包人支付违约金，重伤按 10 万元/人向发包人支付违约金，同时，发包人有权对承包人进行全工地通报、通报承包人上级主管部门，并约谈承包人上级主管单位负责人；

发生较大及以上生产安全事故的、累计年度死亡人数达到 3 人或发生瞒报、谎报或迟报生产安全事故的，发包人有权清退承包人项目经理，将承包人纳入发包人供应商黑名单，甚至终止工程合同，并由承包人承担由此造成的全部损失。

第五条 附则

（一）乙方承诺安全生产费用满足乙方履行合同需要，安全生产费应当用于施工安全防护用品及设施的采购和更新、安全施工措施的落实、安全生产条件的改善等相关内容，不得挪作他用。

（二）本协议作为_____合同（合同编号：_____）的一部分，由双方法定代表人或其授权的代理人签字并加盖单位公章后与工程合同同时生效，全部工程完工验收后终止。

甲　方：_____　　乙　方：_____

法定代表人：_____　　法定代表人：_____

授权代理人：_____　　授权代理人：_____

电　话：_____　　电　话：_____

日　期：_____　　日　期：_____

附件五 工程质量保修书

工程质量保修书

发包人（全称）：_____

承包人（全称）：_____

发包人、承包人根据《中华人民共和国建筑法》《建设工程质量管理条例》和《房屋建筑工程质量保修办法》，经协商一致，对（工程名称）签订工程质量保修书。

1. 工程质量保修范围和内容

承包人在质量保修期内，按照有关法律、法规、规章规定和双方约定，承担本工程质量保修责任。

质量保修内容，双方约定如下：

《三峡新能源 XX 合同》（合同编号）（以下简称"原合同"）中约定的承包人全部工作内容。

2. 质量保修期

根据《建设工程质量管理条例》及有关规定，工程的质量保修期如下：

质量保修期自工程移交生产验收报告签发之日起计算。

缺陷责任期为工程移交生产验收报告签发之日起 24 个月。

3. 质量保修责任

3.1 属于保修范围、内容的项目，承包人应当在接到保修通知之日起 7 天内派人保修。承包人不在约定期限内派人保修的，发包人可以委托他人修理。

3.2 发生紧急抢修事故的，承包人在接到事故通知后，应当立即到达事故现场抢修。

3.3 对于涉及结构安全的质量问题，应当按照《房屋建筑工程质量保修办法》的规定，立即向当地建设行政主管部门报告，采取安全防范措施；由原设计单位或者具有相应资质等级的设计单位提出保修方案，承包人实施保修。

3.4 质量保修完成后，由发包人组织验收。

4. 保修费用

4.1 保修费用由造成质量缺陷的责任方承担。

本工程质量保修书，由施工合同发包人、承包人双方在完工验收前共同签署，作为施工合同附件，其有效期限至保修期满。

发包人（单位章）：_____ 承包人（单位章）：_____

法定代表人（签字）：_____ 法定代表人（签字）：_____

　　　年　月　日　　　　　　　年　月　日

附件六　民工权益保障承诺书

民工权益保障承诺书

致：＿＿＿＿＿＿＿＿

本公司已与贵司签订《三峡新能源××××合同》，我司同意在合同履行过程中，向贵司就民工权益保障工作做如下承诺：

1. 我司承诺按劳动和社会保障部、住建部颁发的《建设领域农民工工资支付管理暂行办法》（劳社部发〔2004〕22号）及各省、自治区、直辖市各级主管部门制定的相关文件要求，认真贯彻执行，并根据项目所在地政府有关部门制定的"工资保障金"缴纳比例足额缴纳农民工工资保障金，存入当地政府指定的专户。

2. 我司将成立有专人负责的民工权益保障专职部门，部门人员由项目经理、预算部经理、财务部经理、民工权益保障专员组成；项目经理兼任民工权益保障部门经理。

3. 我司承诺认真履行职责，做好本公司在贵司承建的施工项目的民工用工和管理工作，足额支付劳务分包单位的工程款，确保按时足额将民工工资发放到民工本人，安排好本公司民工的生活，做好本公司民工的安全教育和管理工作，发放劳保和安全用品。

4. 我司承诺将民工权益保障工作的绩效作为工程款支付依据之一（工程进度款支付除应附确认的形象进度资料之外，同时应附确认的民工权益保障合格资料），我司在合同履行过程中，将按贵司要求按时如实填报有关民工权益保障资料。如果我司违反承诺，则同意贵司的进度款分两步支付，先支付上月（期）民工工资，待我司发放民工工资完毕并提供相关凭证，再支付进度款的余额。

5. 一旦出现本公司严重拖欠民工工资，导致民工因欠薪闹事，同意由贵司直接代为支付民工工资，并在下期进度款中扣除。

6. 一旦出现本公司因民工权益保障工作不到位，导致重大突发事件，并造成一定影响，本公司承担由此产生的全部责任，并承诺向贵司偿付违反承诺赔偿金<u>壹拾万元整</u>，由贵公司直接从我公司当月工程进度款中扣除违反承诺赔偿金。若当月工程进度款不足作为违反承诺赔偿金的扣除，在次月工程进度款中继续补扣，若次月还不足，则由我方以现金补缴至贵公司。

7. 我司承诺无条件负责处理与民工、分包单位的一切纠纷，如因投标人与民工、分包单位的纠纷而对贵司造成影响的，我司立即解决，同时贵司有权延迟合同款的支付直至影响消除，并根据事件影响程度决定是否将我司列入不合格承包商名册。

承诺人：（盖章）

法定代表人：（委托代理人）

承诺日期：　　　年　月　日

附件七 廉政合同

廉洁协议

甲方（发包人）：＿＿＿＿＿＿＿＿＿＿

乙方（承包人）：＿＿＿＿＿＿＿＿＿＿

为了防范和控制＿＿＿＿＿＿＿＿＿＿合同（合同编号：＿＿＿＿＿＿＿）商订及履行过程中的廉洁风险，维护正常的市场秩序和双方的合法权益，根据反腐倡廉相关规定，经双方商议，特签订本协议。

一、甲乙双方责任

1. 严格遵守国家的法律法规和廉洁从业有关规定。

2. 坚持公开、公正、诚信、透明的原则（国家秘密、商业秘密和合同文件另有规定的除外），不得损害国家、集体和双方的正当利益。

3. 定期开展党风廉政宣传教育活动，提高从业人员的廉洁意识。

4. 规范招标及采购管理，加强廉洁风险防范。

5. 开展多种形式的监督检查。

6. 发生涉及本项目的不廉洁问题，及时按规定向双方纪检监察部门或司法机关举报或通报，并积极配合查处。

二、甲方人员义务

1. 不得索取或接受乙方提供的利益和方便。

（1）不得索取或接受乙方的礼品、礼金、有价证券、支付凭证和商业预付卡等（以下简称礼品礼金）；

（2）不得参加乙方安排的宴请和娱乐活动；不得接受乙方提供的通讯工具、交通工具及其他服务；

（3）不得在个人住房装修、婚丧嫁娶、配偶、子女和其他亲属就业、旅游等事宜中索取或接受乙方提供的利益和便利；不得在乙方报销任何应由甲方负担或支付的费用；

2. 不得利用职权从事各种有偿中介活动，不得营私舞弊。

3. 甲方人员的配偶、子女、近亲属不得从事与甲方项目有关的物资供应、工程分包、劳务等经济活动。

4. 不得违反规定向乙方推荐分包商或供应商。

5. 不得有其他不廉洁行为。

三、乙方人员义务

1. 不得以任何形式向甲方及相关人员输送利益和方便。

（1）不得向甲方及相关人员行贿或馈赠礼品礼金；

（2）不得向甲方及相关人员提供宴请和娱乐活动；不得为其购置或提供通讯工具、交通工具及其他服务；

（3）不得为甲方及相关人员在住房装修、婚丧嫁娶、配偶、子女和其他亲属就业、旅游等事宜中提供利益和便利；不得以任何名义报销应由甲方及相关人员负担或支付的费用。

2. 不得有其他不廉洁行为。

3. 积极支持配合甲方调查问题，不得隐瞒、袒护甲方及相关人员的不廉洁问题。

四、责任追究

1. 按照国家、上级机关和甲乙双方的有关制度和规定，以甲方为主、乙方配合，追究涉及本项目的不廉洁问题。

2. 建立廉洁违约罚金制度。廉洁违约罚金的额度为合同总额的1%（不超过50万元）。如违反本协议，根据情节、损失和后果按以下规定在合同支付款中进行扣减。

（1）造成直接损失或不良后果，情节较轻的，扣除10%～40%廉洁违约罚金；

（2）情节较重的，扣除50%廉洁违约罚金；

（3）情节严重的，扣除100%廉洁违约罚金。

3. 廉洁违约罚金的扣减：由合同管理单位根据纪检监察部门的处罚意见，与合同进度款的结算同步进行。

4. 对积极配合甲方调查，并确有立功表现或从轻、减轻违纪违规情节的，可根据相关规定履行审批手续后酌情减免处罚。

5. 进行上述处罚的同时，甲方可按照三峡集团公司有关规定另行给予乙方暂停合同履行、降低信用评级、禁止参加甲方其他项目等处理。

6. 甲方违反本协议，影响乙方履行合同并造成损失的，甲方应承担赔偿责任。

五、监督执行

1. 本协议作为项目合同的附件，由甲乙双方纪检监察部门联合监督执行。

2. 甲方举报电话：＿＿＿＿＿＿＿＿；乙方举报电话：＿＿＿＿＿＿＿＿＿。

六、其他

1. 因执行本协议所发生的有关争议，适用主合同争议解决条款。

2. 本协议作为＿＿＿＿＿＿＿＿合同的附件，一式肆份，双方各执贰份。

3. 双方法定代表人或授权代表在此签字并加盖公章，签字并盖章之日起本协议生效。

甲方：（盖章）   乙方：（盖章）

法定代表人（或授权代表）：   法定代表人（或授权代表）：

附件八   承包人须遵守的中国长江三峡集团有限公司有关管理制度

第五章 工程量清单

1 工程量清单说明

1.1 本工程量清单是根据招标文件中包括的、有合同约束力的图纸以及有关工程量清单的国家标准、行业标准、合同条款中约定的工程量计算规则编制。约定计量规则中没有的子目，其工程量按照有合同约束力的图纸所标示尺寸的理论净量计算。计量采用中华人民共和国法定计量单位。

1.2 本工程量清单应与招标文件中的投标人须知、通用合同条款、专用合同条款、技术标准和要求及图纸等一起阅读和理解。

1.3 本工程量清单仅是投标报价的共同基础，实际工程计量和工程价款的支付应遵循合同条款的约定和第七章"技术标准和要求"的有关规定。

1.4 补充子目工程量计算规则及子目工作内容说明：＿＿无＿＿。

2 投标报价说明

2.1 工程量清单中的每一子目须填入单价或价格，且只允许有一个报价。金额（价格）以人民币"元"为单位，单价保留小数点后两位；合价取整数。

2.2 工程量清单中标价的单价或金额，应包括所需人工费、施工机具使用费、材料费、其他（运杂费、质检费、安装费、缺陷修复费、保险费，以及合同明示或暗示的风险、责任和义务等），以及管理费、利润等。

2.3 工程量清单中投标人没有填入单价或价格的子目，其费用视为已分摊在工程量清单中其他相关子目的单价或价格之中。

2.4 暂列金额的数量及拟用子目的说明：＿＿无＿＿。

2.5 暂估价的数量及拟用子目的说明：＿＿无＿＿。

2.6 本项目适用一般计税方法，其中建安工程类增值税税率为10％，主要设备增值税税率为16％（若有，则为表5-14投标人采购设备表中所列部分）；按"价税分离"方式进行报价（包括单价分析表），各项费用均以不含增值税（可抵扣增值税进项税额，具体适用增值税税率执行财税部门的相关规定）的价格计算；城市维护建设税、教育费附加、地方教育费附加等含在企业管理费中；投标人应按照国家有关法律、法规和

"营改增"政策的相关规定计取、缴纳税费，应缴纳的税费均包括在报价中；含增值税价格作为投标人评标价。

3 其他说明

3.1 投标人务必按照本章对应的工程量清单格式进行报价。

3.2 投标人务必根据专用合同条款17.1.2中规定计量方法（《电力建设工程工程量清单计价规范输电线路工程》）进行工程清单编码。

4 工程量清单

4.1 工程量清单表（以下内容由工程设计单位按照国家规范提供）

1）工程量清单编制说明

表5-1 工程量清单编制说明

工程名称：

2）分部分项工程量清单

表5-2 分部分项工程量清单表

工程名称：

序号	项目编码	项目名称	项目特征	计量单位	工程量	工程内容	单位	数量	备注

3）措施项目清单

（1）措施项目清单（一）

表 5-3　措施项目清单表（一）

工程名称：

序号	项目名称	描述
1	冬雨季施工增加费	
2	夜间施工增加费	
3	施工工具用具使用费	
4	特殊地区施工增加费	
5	临时设施费	
6	施工机构转移费	
7	安全文明施工费	
	……	

注：本表适用于以"项"计价的措施项目。

（2）措施项目清单（二）

表 5-4　措施项目清单表（二）

工程名称：

序号	项目名称	项目特征	计量单位	工程量	备注

注：本表适用于以综合单价形式计价的措施项目。

4）其他项目

（1）其他项目清单

表 5-5　其他项目清单表

工程名称：　　　　　　　　　　　　　　　　　　　　　　　　　　　　　　　金额单位：元

序号	项目名称	金额	备注
一	其他项目清单（一）		
1	暂列金额		明细详见表 5-6
2	暂估价		

序号	项目名称	金额	备注
2.1	材料暂估价	—	明细详见表5-7
2.2	专业工程暂估价		明细详见表5-8
3	计日工		明细详见表5-9
4	施工总承包服务项目		明细详见表5-10
5	其他		
5.1	拆除工程项目清单		明细详见表5-11
5.2	招标人采购设备、材料卸车、保管费		
	……		
二	其他项目清单（二）		
1	建设场地占用及清理费		明细详见表5-12
	……		

注1：材料暂估单价由投标人在编制投标报价制价时计入清单项目综合单价计价，此处不汇总。

注2：其他项目清单（一）应计取税金，其他项目清单（二）根据实际情况不计取税金。

（2）暂列金额明细表

表5-6　暂列金额明细表

工程名称：　　　　　　　　　　　　　　　　　　　　　　　　　　　　　金额单位：元

序号	项目名称	计量单位	暂列金额	备注
	合计			

注：此表由招标人填写，也可只列暂列金额总额，由投标人将上述暂列金额计入表5-5其他项目清单表中。

（3）材料暂估单价表

表 5-7 材料暂估单价表

工程名称：

金额单位：元

序号	材料名称	规格、型号	计量单位	单价	备注

注：此表由招标人填写，且注明该材料是由招标人还是投标人采购，由投标人将上述材料暂估价单价计入工程量清单综合单价报价中。

（4）专业工程暂估价表

表 5-8 专业工程暂估价表

工程名称：

金额单位：元

序号	工程名称	工程内容	金额	备注
	合计			

注：此表由招标人填写，由投标人将上述专业工程暂估价计入表 5-5 其他项目清单计价表。

（5）计日工表

表 5-9　计日工表

工程名称：

编号	项目名称	计量单位	暂定数量	备注
一	人工			
1				
2				
二	材料			
1				
2				
三	施工机械			
1				
2				

注：此表项目名称、暂定数量由招标人填写。投标时，单价由投标人自主报价，汇总计入表 5-5 其他项目清单计价表。

（6）施工总承包服务项目内容表

表 5-10　施工总承包服务项目内容表

工程名称：

序号	工程名称	项目价值（元）	服务内容	备注
1	招标人发包专业工程			
	...			

注：此表由招标人按工程实际情况填写。

（7）拆除工程项目清单计价表

表5-11　拆除工程项目清单

工程名称：

序号	项目名称	项目特征	计量单位	工程量

注：此表由招标人按工程实际情况填写。

（8）建设场地占用及清理项目表

表5-12　建设场地占用及清理项目表

工程名称：

序号	项目名称	费用
1	土地占用费	
2	施工场地租用费	
3	迁移补偿费	
3.1	房屋拆迁补偿费	
	……	
4	余物清理费	
5	输电线路走廊赔偿费	
6	通信设施防输电线路干扰措施费	
	……	
合计		

5）规费、税金项目清单

表 5-13　规费、税金项目清单

工程名称：

序号	项目名称	备注
1	规费	
1.1	社会保障费	
（1）	基本养老保险费	
（2）	失业保险费	
（3）	基本医疗保险费	
1.2	住房公积金	
1.3	危险作业意外伤害保险费	
2	税金	

6）投标人采购设备表

表 5-14　投标人采购设备表

工程名称：　　　　　　　　　　　　　　　　　　　　　　　　　　　　　金额单位：元

序号	设备名称	型号规格	计量单位	数量	单价	备注

注：此表由招标人填写，对投标人采购的设备有品牌要求的，在此表中列出。如有暂估价的，招标人须在备注栏中说明。

请投标人注意，此表中所列设备均应按 16% 的税率向招标人开具增值税专用发票。

7）投标人采购材料表

表 5-15　投标人采购材料表

工程名称：　　　　　　　　　　　　　　　　　　　　　　　　　　　　　金额单位：元

序号	材料名称	型号规格	计量单位	数量	单价	备注

续表

序号	材料名称	型号规格	计量单位	数量	单价	备注

注：此表由招标人填写，对投标人采购的材料有品牌要求的，在此表中列出。如有暂估价的，招标人须在备注栏中说明。

8）招标人采购设备（材料）表

表 5-16　招标人采购设备（材料）表

工程名称：　　　　　　　　　　　　　　　　　　　　　　　　　　　　　金额单位：元

序号	材料名称	型号规格	计量单位	数量	单价	交货地点及方式	备注
合计							

注：此表由招标人填写，如有暂估价的，招标人须在备注栏中说明。

4.2　已标价工程量清单表（投标报价格式表）

1）投标总价表

表 5-17　投标总价表

招标人：

工程名称：

投标总价（小写）：

　　　　　（大写）：

投标人：

法定代表人
或其授权人：

编制人：

时间：　年　月　日

2）填表须知

（1）工程量清单计价格式应由投标人填写。

（2）工程量清单计价格式中的任何内容不得随意删除或涂改。

（3）工程量清单计价格式中列明的所有需要填报的单价和合价投标人均应填报，未填报的单价和合价，视为此项费用已包含在工程量清单的其他单价和合价中。

（4）金额（价格）以人民币"元"为单位，单价保留小数点后两位；合价取整数。

（5）工程量清单计价格式的填写应符合下列规定：

A. 工程量清单计价格式中所有要求签字、盖章的地方，必须由规定的单位和人员签字、盖章。编制人是指取得了工程造价专业资格证的从业人员。

B. 工程项目投标总价表的各分项工程费、投标人采购设备费、措施项目费、其他项目费、规费应按相应工程项目费用汇总表中合计栏的金额填写。

C. 工程计价总说明应包括：工程概况、编制依据以及其他需要说明的问题。

D. 分部分项工程工程量清单报价表的序号、项目编码、项目名称、项目特征、计量单位、工程量、工程内容、单位、数量（若有后三项时）必须按分部分项工程量清单中的相应内容填写，综合单价必须按分部分项工程量清单综合单价表中的综合单价填写。

E. 招标人采购材料计价表应按招标人提供招标人采购材料表进行计算填写，所填写的单价必须与工程量清单计价中采用的相应材料的单价一致。

F. 措施项目清单计价表投标人可根据施工组织设计采取的措施增加项目。

G. 计日工计价表中人工、材料、机械名称、计量单位和相应数量应按计日工表中相应的内容填写，工程完工后，计日工工作费应按实际完成的工程量所需费用结算。

H. 税金相关税率按照国家最新增值税相关规定自行测算，包含在总价中。

①本项目适用一般计税方法，其中建安工程类增值税税率为10%，主要设备增值税税率为16%（若有，则为表5-14投标人采购设备表中所列部分）；按"价税分离"方式进行报价（包括单价分析表），各项费用均以不含增值税（可抵扣增值税进项税额，具体适用增值税税率执行财税部门的相关规定）的价格计算；城市维护建设税、教育费附加、地方教育费附加等含在企业管理费中；投标人应按照国家有关法律、法规和"营改增"政策的相关规定计取、缴纳税费，应缴纳的税费均包括在报价中；含增值税价格作为投标人评标价。

②承包人还应遵守国家税收相关法规，配合施工现场税务机关税收征管工作。

I. 如有需要说明的其他事项可增加条款。

3）工程计价总说明

表 5-18　工程计价总说明

工程名称：第　页，共　页

4）投标报价汇总表

（1）建设项目投标报价汇总表

表 5-19　建设项目投标报价汇总表

工程名称：第　页，共　页

序号	单项工程名称	金额（元）	其中：（元）		
			暂估价	安全文明施工费	规费
	合　计				

注：本表适用于建设项目投标报价的汇总。

（2）单项工程投标报价汇总表

表 5-20　单项工程投标报价汇总表

工程名称：　　　　　　　　第　　页，共　　页

序号	单项工程名称	金额（元）	其中：（元）		
			暂估价	安全文明施工费	规费
1	道路工程				
2	基础工程				
2.1	风机基础				
2.2	箱变基础				
3	吊装工程				
4	集电线路工程				
4.1	杆塔工程				
4.2	电缆工程				
5	变电站工程				
5.1	变电站建筑工程				
5.2	变电站安装工程				
	……				
	合计				

注：本表适用于单项工程投标报价的汇总。暂估价包括分部分项工程中的暂估价和专业工程暂估价。

（3）单位工程投标报价汇总表

表 5-21　单位工程投标报价汇总表

工程名称：　　　　　　　　第　　页，共　　页

序号	汇总内容	金额（元）	其中：暂估价（元）
1	分部分项工程		
1.1			
1.2			
1.3			
1.4			
1.5			
2	措施项目		—

续表

序号	汇总内容	金额（元）	其中：暂估价（元）
2.1	其中：安全文明施工费		—
3	其他项目		—
3.1	其中：暂列金额		—
3.2	其中：专业工程暂估价		—
3.3	其中：计日工		—
3.4	其中：总承包服务费		—
4	规费		—
5	税金		—
	投标报价汇合计		

注：本表适用于单位工程投标报价的汇总。如无单位工程划分，单项工程也使用本表汇总。

5）分部分项工程和措施项目计价表

（1）分部分项工程和单价措施项目清单与计价表

表 5-22　分部分项工程和单价措施项目清单与计价表

工程名称：　　　　　　第　页，共　页

序号	项目编码	项目名称	项目特征描述	计量单位	工程量	金额（元）		其中
						综合单价	合价	暂估价
	本页小计							
	合计							

注：为计取规费等的使用，可在表中增设："定额人工费"。

（2）综合单价分析表

表 5-23　综合单价分析表

工程名称：第　页，共　页

项目编码				项目名称				计量单位			工程量	
清单综合单价组成明细												
定额编号	定额项目名称	定额单位	数量	单价				合价				
				人工费	材料费	机械费	管理费和利润	人工费	材料费	机械费	管理费和利润	
人工单价			小计									
元/工日			未计价材料费									
清单项目综合单价												
主要材料名称、规格、型号					单位	数量	单价（元）	合价（元）	暂估单价（元）	暂估合价（元）		
其他材料费							—		—			
材料费小计							—		—			

注：招标文件提供了暂估单价的材料，按暂估的单价填入表内"暂估单价"栏及"暂估合价"栏。

（3）综合单价调整表

表 5-24　综合单价调整表

工程名称：第　页，共　页

序号	项目编码	项目名称	已标价清单综合单价（元）					已标价清单综合单价（元）				
			综合单价	其中				综合单价	其中			
				人工费	材料费	机械费	管理费和利润		人工费	材料费	机械费	管理费和利润

续表

序号	项目编码	项目名称	已标价清单综合单价（元）					已标价清单综合单价（元）				
			综合单价	其中				综合单价	其中			
				人工费	材料费	机械费	管理费和利润		人工费	材料费	机械费	管理费和利润

发包人代表（签章）：　　日期：	监理人（签章）：　　日期：	造价人员（签章）：承包人代表（签章）：　　日期：

注：招标文件提供了暂估单价的材料，按暂估的单价填入表内"暂估单价"栏及"暂估合价"栏。

（4）总价措施项目清单与计价表

表 5-25　总价措施项目清单与计价表

工程名称：　　　　　　　　　　　第　页，共　页

序号	项目编码	项目名称	计算基础	费率（%）	金额（元）	调整费率（%）	调整后金额（元）	备注
		安全文明施工费						
		夜间施工增加费						
		二次搬运费						
		冬雨季施工增加费						
		已完工程及设备保护费						
		合计						

编制人：　　　　　　　　　复核人：

注：1. "计算基础"中安全文明施工费可为"定额计价""定额人工费"或"定额人工费＋定额机械费"，其他项目可为"定额人工费"或"定额人工费＋定额机械费"

2. 按施工方案计算的措施费，若无"计算基础"和"费率"的数值，也可只填"金额"数值，但应在备注栏说明施工方案出处或计算方法。

6）其他项目计价表

（1）其他项目清单与计价汇总表

表 5-26　其他项目清单与计价汇总表

工程名称：　　　　　第　页，共　页

序号	项目名称	金额（元）	结算金额（元）	备注
1	暂列金额			明细详见表 5-27
2	暂估价			
2.1	材料（工程设备）暂估价/结算价	—		明细详见表 5-28
2.2	专业工程暂估价/结算价			明细详见表 5-29
3	计日工			明细详见表 5-30
4	总承包服务费			明细详见表 5-31
5	建设场地占用及清理费			明细详见表 5-32
	合计			

注：材料（工程设备）暂估单价进入清单项目综合单价，此处不汇总。

（2）暂列金额明细表

表 5-27　暂列金额明细表

工程名称：　　　　　第　页，共　页

序号	项目名称	计量单位	暂列金额（元）	备注
1				
2				
3				
4				
5				
6				
7				
8				

序号	项目名称	计量单位	暂列金额（元）	备注
9				
10				
11				
	合计			

注：此表由招标人填写，如不能详列，也可只列暂定金额总额，投标人应将上述暂列金额计入投标总价中。

（3）材料（工程设备）暂估单价及调整表

表 5-28　材料（工程设备）暂估单价及调整表

工程名称：第　页，共　页

序号	材料（工程设备）名称、规格、型号	计量单位	数量		暂估（元）		确认（元）		差额±（元）		备注
			暂估	确认	单价	合价	单价	合价	单价	合价	
		合计									

注：此表由招标人填写"暂估单价"，并在备注栏说明暂估价的材料、工程设备拟用在那些清单项目上，投标人应将上述材料、工程设备暂估单价计入工程量清单综合单价报价中。

（4）专业工程暂估价及结算价表

表 5-29　专业工程暂估价及结算价表

工程名称：　　　　第　页，共　页

序号	工程名称	工程内容	暂估金额（元）	结算金额（元）	差额±（元）	备注
合计						

注：此表"暂估金额"由招标人填写，投标人应"暂估金额"计入投标总价中。结算时按合同约定结算金额填写。

（5）计日工表

表 5-30　计日工表

工程名称：　　　　第　页，共　页

编号	项目名称	单位	暂定数量	实际数量	综合单价（元）	合价（元）	
						暂定	实际
一	人工						
1							
2							
3							

续表

编号	项目名称	单位	暂定数量	实际数量	综合单价（元）	合价（元）	
						暂定	实际
4							
人工小计							
二	材料						
1							
2							
3							
4							
5							
6							
材料小计							
三	施工机械						
1							
2							
3							
4							
施工机械小计							
四、企业管理费和利润							
总计							

注：此表项目名称、暂定数量由招标人填写；投标时，单价由投标人自主报价，按暂定数量计算合价计入投标总价中。结算时，按发承包双方确认的实际数量计算合价。

（6）总承包服务费计价表

表 5-31　总承包服务费计价表

工程名称：　　第　页，共　　页

序号	项目名称	项目价值（元）	服务内容	计算基础	费率（%）	金额（元）
1	发包人发包专业工程					
2	发包人提供材料					

注：此表项目名称、服务内容由招标人填写；投标时，费率及金额由投标人自主报价，计入投标总价中。

（7）建设场地占用及清理费明细表

表 5-32　建设场地占用及清理费明细表

工程名称：　　　　　　　　　　　　　　　　　　　　　　　　　　　　　　　　金额单位：元

序号	项目名称	计算说明	金额
1	土地占用费		
2	施工场地租用费		
3	迁移补偿费		
3.1	房屋拆迁补偿费		
	……		
4	余物清理费		
5	输电线路走廊赔偿费		
6	通信设施防输电线路干扰措施费		
	……		
合计			

7）规费、税金项目计价表

表 5-33　规费、税金项目计价表

工程名称：　　　第　页，共　页

序号	项目名称	计算基础	计算基数	计算费率（%）	金额（元）
1	规费	定额人工费			
1.1	社会保险费	定额人工费			
(1)	养老保险费	定额人工费			
(2)	事业保险费	定额人工费			
(3)	医疗保险费	定额人工费			
(4)	工伤保险费	定额人工费			
(5)	生育保险费	定额人工费			
1.2	住房公积金	定额人工费			
1.3	工程排污费	按工程所在地环境保护部门收取标准，按实计入			
2	税金	分部分项工程费＋措施项目费＋其他项目费＋规费－按规定不计税的工程设备金额			
合计					

编制人（造价人员）：　　　　　　　　复核人：

注：此表由投标人完整填写。

8）主要材料、工程设备一览表

（1）发包人提供材料和工程设备一览表

表 5-34 发包人提供材料和工程设备一览表

工程名称：　　　　　　　　　第　页，共　页

序号	材料（工程设备）名称、规格、型号	单位	数量	单价（元）	交货方式	送达地点	备注

注：此表由招标人填写，供投标人在投标报价、确定总承包服务费时参考。

（2）发包人提供施工设备和临时设施一览表

表 5-35 发包人提供施工设备和临时设施一览表

工程名称：　　　　　　　　　第　页，共　页

序号	施工设备或临时设施（名称、规格）	单位	数量	单价（元）	备注

注：此表由招标人填写，供投标人在投标报价、确定总承包服务费时参考。

（3）承包人提供材料和工程设备一览表

表 5-36　承包人提供材料和工程设备一览表

工程名称：第　　页，共　　页

序号	材料（工程设备）名称、规格、型号	单位	数量	单价（元）	交货方式	送达地点	备注

注：此表由投标人填写。

请投标人注意，此表中的设备部分应按招标文件工程量清单中给出的"表 5-14 投标人采购设备表"进行对应填写，并向招标人开具税率为 16％的增值税专用发票。

（4）施工机械台时（班）费汇总表

表 5-37　施工机械台时（班）费汇总表

工程名称：第　　页，共　　页

序号	机械名称	型号规格	一类费用				二类费用						合计
			折旧费	维修费	安拆费	小计	人工	柴油	电			小计	

第六章 图 纸

1 图纸目录

序号	图名	图号	版本	出图日期	备注

2 图纸

另册提供。

第七章 技术标准和要求

第一节 总概述

1 工程概况

1.1 概述

简述本工程项目所在地的地理位置、工程规模、主要特征参数和综合利用要求，能反映本工程的所有描述（参照可研概述并根据招标修改）。

1.2 工程布置

工程总布置，本工程布置，主要机电设备布置、电气主接线、接入系统方式；施工组织规划要求等（参照可研工程布置并根据招标修改，包括风电场和本工程布置）。

1.3 主要建筑物

主要建筑物及结构，本招标工程建筑形式、内容、结构形式等。

2 自然条件

列出作为本合同文件组成部分的水文气象、地形地貌、地震烈度等资料：包括风电场面积、区域洪水特性、各种代表性风速、风电场特性以及降水量、气温、水温、地温、风速、湿度、泥沙、水质和冰凌等各项特征值。（参照可研自然条件并根据招标修改，包括风电场和本工程自然条件）

3 工程地质条件

列出作为本合同文件组成部分的地质资料：包括工程地区的地质平面图、工程建筑物地质剖面图及其有关勘探资料，以及建筑材料场的地质剖面图及其有关勘探资料等，水文地质和工程地质。（参照可研地质条件并根据招标修改，包括风电场和本工程地质条件）

4 工期交通运输、通讯及生产生活条件

（参照可研结构形式描述并根据本工程细化，包括风电场和本工程两个层次描述，

注意划分道路界限）

4.1　施工交通

4.1.1　场内施工道路

除本合同约定由发包人提供的施工道路外，承包人应负责修建本合同施工区内自发包人提供的道路至各施工点的全部施工道路、桥涵、交通隧道和停车场，并在合同实施期间负责管理和维护（包括管理和维护发包人提供的施工道路）。

4.1.2　场外公共交通

承包人应按本合同通用合同条款第 7.3～7.5 款的规定执行。

4.2　本工程生活条件

城区的距离和生活用品的购置便利条件。

4.3　施工通信

通讯接入条件和其他有关条件（本描述仅供承包人参考）。

4.4　施工电源

施工期生产、生活电源由承包人自行解决（发包人另有要求的除外），费用包含在投标总价中。

4.5　施工水源

承包人负责自行解决本单位施工生活区的生产、消防及生活供水，承包人应现场自行踏勘调查，发包人不负责解决。

4.6　其他

主要建筑材料解决方式、混凝土等其购置方式及要求，其他生活设施便利条件和解决方式。

5　发包人负责提供给承包人的条件

场地、道路、设备及其他由发包人提供的条件（由设计院和发包人协商，并明确有关提供的界限，编制时需要重点审查与合同条款要保持一致）

6　工程进度节点计划

本项目计划节点和本工程计划节点，满足本招标文件中规定的工程建设进度要求。甲供设备根据工程建设进度提供。

7　工程施工管理

施工管理（施工组织、单项施工方案、施工文件、竣工图、进度计划、进度报告、进度会议、图纸提供等文件编制的要求及有关内容要求等）

8 安全文明施工

8.1 承包人的安全保护责任

（1）承包人应根据国家有关法律、法规的规定建立健全安全生产体系，落实安全生产责任制，认真履行安全生产法律主体责任。

（2）承包人应坚持"安全第一，预防为主，综合治理"的方针，建立、健全安全生产责任制度，制定各项安全生产规章制度和操作规程，建立完善的施工安全生产设施，健全安全生产保证体系，加强监督管理，切实保障全体人员的生命和财产安全。

承包人须按本合同《合同条款》规定履行其安全保护职责。承包人应在与发包人签订《安全生产协议书》后的28天内编制一份本合同工程施工安全措施文件报送监理人审批，其内容应包括安全机构的设置、专职人员的配备以及防火、防毒、防噪声、防洪、救护、警报、治安、爆破、民爆器材管理及交通安全管理等的安全措施。

（3）承包人应加强安全生产宣传和教育培训工作，对全体员工（包括临时工和外协工）严格执行三级安全教育、班前会和安全交底制度。应编印安全防护手册发给全体职工。工人上岗前应进行安全操作的考试和考核，合格者才准上岗。特种作业人员必须持有效作业证上岗，并建立台帐，实行动态管理。

（4）承包人必须遵守国家颁布的有关安全规程及发包人（或监理人）制订的各项安全文明管理制度或规定。若承包人责任区内发生安全事故时，承包人应按《生产安全事故报告和调查处理条例（中华人民共和国国务院令第493号）》相关条款的要求进行报告，并在事故发生后2h内（同时）向监理人及发包人提交事故情况的书面报告（事故快报）。

（5）承包人应加强对危险作业的安全管理，建立独立的安全管理部门和车辆管理机构，并配备足够的安全管理专职人员。

（6）承包人必须做好安全标准化工作，安全防护设施必须满足国家和行业标准要求，承包人应为施工作业人员配置必需的劳动保护用品。承包人应对其施工安全措施不到位而发生的安全事故承担责任。

（7）承包人应接受和配合发包人、监理人对其安全生产工作的检查和现场安全隐患排查，按照发包人、监理人提出的整改要求认真整改落实，并接受发包人、监理人依据相关管理制度对其违章行为实施的处罚。

8.2 安全措施

8.2.1 安全措施由安全文明施工措施、专项安全技术措施两部分组成：

安全文明施工措施费即通常所称的常规安全措施费，指承包商按照国家有关规定和施工安全标准，建立健全安全生产管理体系，购置施工安全防护用具，落实安全施工措施，改善安全生产条件，履行法定安全管理义务，加强安全生产管理等所需的费用。具体如下：

（1）建立健全安全生产管理体系，配置足够且合格的安全管理人员，管理体系有效运行。

（2）建立完善的安全管理制度并严格执行。

（3）建立安全生产责任制，理顺管理关系，层层落实安全责任。

（4）做好安全教育培训和宣传工作，落实好"三级安全教育"制度。

（5）按照安全标准化要求做好现场安全设施的设计、实施、维护工作，创造现场安全的施工环境。

（6）按规定召开各类、各级安全会议。

（7）按规范做好施工技术措施、安全技术措施，并对相关人员进行安全交底。

（8）按规定做好特种设备及特种作业人员安全管理。

（9）按规定做好安全检查与隐患排查治理、反违章工作，做好生产现场安全管理工作，有效消除安全隐患。

（10）做好施工安全性评价和危险源管理工作。

（11）按要求做好劳动防护和职业健康管理。

（12）按要求做好应急管理工作。

（13）做好外包工程安全管理。

（14）严格按规定做好安全事故报告、调查与处理等工作。

（15）开展安全生产达标投产、安全生产标准化建设和达标评级等工作。

（16）内部开展安全考核与奖惩工作。

（17）其他与安全生产直接相关的费用。

安全文明施工措施费使用按国家和行业有关规定及合同条款要求办理。

8.2.2　专项安全技术措施

要求对危险性较大的分部分项工程编制专项安装技术措施，超过一定规模的，承包人需组织专家评审。

8.3　劳动保护

承包人应按照国家劳动保护法的规定，定期发给在现场施工的工作人员必需的劳动保护用品，如安全帽、水鞋、雨衣、手套、手灯、防护面具和安全带等。承包人还应按照劳动保护法的有关规定发给特殊工种作业人员的劳动保护津贴和营养补助。

承包人应按照发包人的规定配置安全帽等个人防护用品，保证现场管理规范有序。承包人所有人员佩戴安全帽的颜色为黄色，进入生产现场的安全检察和质检人员使用的安全帽分别在帽正面印"安全监察"和"质检"字样。

8.4 照明安全

承包人应在施工作业区、施工道路、临时设施、办公区和生活区设置足够的照明，其照明度应不低于《最低照明度的规定数值》表的规定。

表 7-1 最低照明度的规定数值

序号	作业内容和地区	照明度	序号	作业内容和地区	照明度
1	一般施工区、开挖和弃渣区、道路、堆料场、运输装载平台、临时生活区道路	30	4	地弄和一般地下作业区	50
			5	安装间、地下作业掌子面	110
2	混凝土浇筑区、加油站、现场保养场	50	6	一般施工辅助工厂	110
3	室内、仓库、走廊、门厅、出口过道	50	7	特殊的维修间	200

8.5 接地及避雷装置

凡可能漏电伤人或易受雷击的电器及建筑物均应设置接地或避雷装置。承包人应负责避雷装置的采购、安装、管理和维修，并建立定期检查制度。

8.6 有害气体的控制

在地下工程施工中，承包人应配备对有害气体的监测和报警装置以及工人使用的防护面具。一旦发现有毒气体，承包人应立即停止施工和疏散人员，并及时报告监理人。承包人应在经过慎重处理，确认不存在危险，并取得监理人同意后，方可复工。

8.7 炸药、雷管和油料的存放和运输

（1）承包人使用的火工材料，其存放和运输应严格遵守国家及该工程的有关规定。

（2）承包人在工地自建油库的布置、修建和运行应严格遵守国家及该工程的有关规定。

8.8 爆破

（1）承包人应按批准的爆破作业安全措施文件的规定进行爆破作业，并应严格遵照国家有关爆破的管理规定。

（2）对实施电引爆的作业区，承包人应采用必要的特殊安全装置，以防止暴风雨时的大气或邻近电气设备放电的影响。特殊安全装置应经过试验证明其确保安全可靠时方可使用，试验报告应经监理人审批。

8.9 消防

承包人应负责做好其自己辖区内的消防工作，配备一定数量的常规消防器材，并对职工加强消防意识教育，进行消防安全训练。承包人还应对其辖区内发生的火灾及其造成的人员伤亡和财产损失负责。

8.10 洪水和地质灾害、气象灾害的防护

承包人应根据发包人提供的水情和有关部门提供的气象预报，做好洪水和气象灾害的防护工作。一旦发现有可能危及工程和人身财产安全的洪水和气象灾害的预兆时，

承包人应立即采取有效的防洪和防灾措施，以确保工程和人员、财产的安全。

发包人或委托监理人在每年汛期组织承包人和有关单位进行防汛检查，并负责统一指挥全工地的防汛和抗灾工作。承包人具体负责其管辖范围内的防汛和抗灾等工作，按发包人的要求和监理人的指示，做好每年的汛前检查，配置必要的防汛物资和器材，按合同规定做好汛情预报和安全度汛工作。

8.11　信号

承包人应在施工区内设置一切必需的信号装置，包括：（1）标准道路信号；（2）报警信号；（3）危险信号；（4）控制信号；（5）安全信号；（6）指示信号。

承包人应负责维修和保护施工区内自设或发包人设置的所有信号装置，并按监理人的指示；经常补充或更换失效的信号装置。

8.12　安全防护手册

承包人应编制适合本工程需要的安全防护手册，其内容应遵守国家颁布的各种安全规程。承包人应在收到开工通知后28天内将手册的复制清样提交监理人。安全防护手册除发给承包人全体职工外，还应发给发包人、监理人，安全防护手册的基本内容应包括（但不限于）：

（1）防护衣、安全帽（黄色）、防护鞋袜及防护用品的使用；

（2）各种施工机械的使用；

（3）炸药的储存、运输和使用；

（4）汽车驾驶安全；

（5）用电安全；

（6）地下开挖作业的安全；

（7）高边坡开挖作业的安全；

（8）灌浆作业的安全；

（9）模板、脚手架作业的安全；

（10）混凝土浇筑作业的安全；

（11）机修作业的安全；

（12）压缩空气作业的安全；

（13）高空作业的安全；

（14）焊接作业的安全和防护；

（15）意外事故和火灾的救护程序；

（16）防洪和防气象灾害措施；

（17）信号和告警知识；

（18）其他有关规定。

9 环境保护和水土保持

9.1 说明

9.1.1 范围

本章规定适用于与本合同有关的施工期间生产生活区的环境保护与水土保持的有关作业，主要工作范围包括（但不限于）：（1）临时砂石料加工系统/临时混凝土拌合系统废水处理；（2）施工废水处理；（3）与本标有关生活营地区（除发包人提供的生活营地）的生活污水处理；（4）本标范围内的大气环境保护；（5）本标范围内的声环境保护；（6）本标施工区及生活区的固体废弃物处理；（7）本标生态环境保护；（8）本标施工区施工期人群健康保护；（9）本标所使用的施工场地区的水土保持；（10）施工结束后的场地清理；（11）机修及汽修废水、废油处理；（12）本标范围内的珍稀动植物保护/文物古迹保护。

9.1.2 承包人责任

（1）承包人必须遵守国家和地方有关环境保护和水土保持方面的法律、法规和规章，按照有关环境保护、水土保持的通用合同条款、技术规范要求、本工程环境影响报告书和水土保持方案报告书及两报告批复意见的相应要求，做好施工区及生活营地区的环境保护与水土保持工作，接受国家和地方环境保护与水行政主管部门的监督检查，接受工程监理和环保水保（环境）监理的监督管理。

（2）施工承包人须与发包人现场管理机构签订《环境保护与水土保持工作协议书》，严格履行协议书所规定的责任和义务，同时须遵守发包人颁发的各项环保水保管理制度。

（3）承包人应在工程签约 28 天内编制其承担的工程施工合同的环保水保措施文件报送监理人审批，其内容应包括机构的设置、专职人员的配备、制定的制度以及本标范围内的主要环保措施分析和实施计划。

（4）承包人违反国家和地方有关环境保护与水土保持方面的法律、法规、规章及本合同规定，造成环境污染（生态破坏）、水土流失、人员伤害和财产损失的，由承包人承担责任并负责赔偿；引起的行政处罚由承包人承担，发包人同时给予违约处罚。

（5）由于承包人的过失、疏忽，或者未及时按图纸规定和监理人指示做好环境保护与水土保持工程措施，导致需要另外采取措施时，这部分额外所增加的工作费用由承包人负担，因此引起工期的延误由承办人负责。

（6）承包人应接受发包人指定单位进行本标范围内的环境监测和水土保持监测，并对监测所反映的问题进行整改，直至满足相关要求。

（7）本合同工程完工后，承包人应按照合同规定，对永久设施的挡墙、护坡、排水洞进行修补、疏通，及时拆除临建设施，完善相应的挡护、排水设施，进行恢复，并提交承包人《工程施工总结报告》《工程环境保护、水土保持工作总结报告》后方能退场。

（8）对于在施工中发生的环境保护和水土保持问题的争议，按《通用合同条款》"争议的解决"执行。

9.1.3　主要提交件

1）环境保护及水土保持措施

承包人应在编报施工总布置设计文件的同时，编制本标在施工期间与本标有关的生产、生活区的环境保护和水土保持措施计划，报送监理人审批。其内容应包括（但不限于）：（1）自建临时营地的生活供水和生活污水处理；（2）施工生产废水（混凝土拌和系统废水、机修含油废水等）处理；（3）施工区粉尘、废气的削减；（4）施工区噪声控制；（5）固体废弃物处理；（6）人群健康保护；（7）自建施工临时营地区的场地周边截、排水措施；（8）本合同场内施工道路的水土保持；（9）完工后的场地清理规划和恢复措施；（10）本标范围内渣场、开挖边坡、施工生产区、临时用地、施工道路的水土保持措施。

2）完工验收资料

（1）环境保护措施质量检查及验收报告；（2）水土保持措施质量检查及验收报告；（3）环境保护、水土保持工作总结报告；（4）监理人要求提供的其他资料。

9.2　环境保护

9.2.1　生活供水及生活废水处理

1）生活供水要求

（1）承包人生活营地区的生活用水由承包人自行解决，其饮用水水质应符合《生活饮用水卫生规范》卫法监发〔2001〕161号要求。

（2）承包营地生活用水水质检测等工作由承包人自行负责。

2）生活污水处理

承包人需在生产区、临时生活区设置足够数量的环保厕所，负责建设、运行和维护本合同承包人自建临时营地的生活污水收集及处理系统，并将污水处理后回用，不得将生活污水直接排入天然水体，达到生活污水"零排放"标准。污水经处理后的限值见表7-2：

表7-2　最低照明度的规定数值

污染物名称	PH	CODcr	BOD5	SS
浓度限值	6—9	≤50mg/L	≤10mg/L	≤10mg/L

9.2.2 生产废水处理

1）说明

（1）承包人有责任在本标范围内建造和维护排水系统。

（2）工程开工前14天，承包人应将废水处理系统的设备类型、制定的施工计划以及维护系统运行的措施提交发包人和监理人审查。

（3）承包人应密切配合发包人、监理人和行政主管部门对其污水处理设备、防污措施及拟采用的施工方法等进行检查和检测。

（4）承包人应防止各种废水、污泥等流到邻近的土地或水体，由此引起的纠纷及各种损失和费用均由承包人承担。

2）混凝土拌和系统/砂石料加工系统废水处理

（1）由承包人负责建设混凝土系统的废水收集、废水处理、废水回用系统，并维护系统的正常运行。所有废水应处理后达标排放。

（2）实行雨污分流，完善废水处理系统的污水收集管网，将本标混凝土系统内经常性排放废水收集后统一处理。

（3）各废水处理系统的布置根据承包人设计的混凝土系统布局合理布设，废水处理系统由承包人负责设计、施工、运行维护及完工后拆除。

（4）废水处理系统污泥需进行必要的脱水处理后运至弃渣场堆存。一旦发现污泥处理不当，承包人必须采用发包人认为必要的额外措施，将进入河道及排水系统的污泥予以清除。

3）机修及汽修系统废水处理

（1）由承包人根据本标机修及汽修系统的规模自建机修及汽修系统废水收集、处理及回用系统。

（2）实施雨污分流，完善废水收集管道，对含油较高的机修废水选用隔油池进行油水分离排放。

（3）系统污泥不得任意堆存，应脱水处理后运至弃渣场处理。一旦发现污泥处理不当，承包人必须采用发包人认为必要的额外措施，对进入河道及排水系统的污泥予以清除。

（4）废水经处理后回用，其主要污染物应达到生活杂用水水质标准限值见表7-3：

表7-3　生产污水处理后的限值标准

污染物名称	PH	SS	石油类
浓度限值	6—9	≤10mg/L	≤1mg/L

9.2.3　空气污染控制

施工区粉尘的削减

1）工程开工前 14 天，承包人应根据施工设备类型制定除尘实施细则提交发包人和监理人审查、批准。

2）承包人应密切配合发包人和监理人对其施工设备、除尘装置和拟采用的施工方法等进行检查和审核。

3）承包人在制定施工计划、施工方法、除尘措施以及进行施工时，委派环保专职人员监督实施。施工期间，承包人应遵守中华人民共和国国家标准《环境空气质量标准》（GB 3095—1996）的二级标准（见表 7-4），保证在施工场界附近的总悬浮颗粒物（TSP）的浓度值控制在其标准值内。

表 7-4　环境空气总悬浮颗粒物（TSP）的浓度限值

污染物名称	《大气污染综合排放标准》（GB 16297—1996）二级	《环境空气质量标准》（GB 3095—1996）的二级
TSP（mg/m^3）	0.3（日平均）	1.0（日平均）
氮氧化合物 NO_x（mg/m^3）	0.12（NO_x）	0.12（日平均）（NO_2）
二氧化硫 SO_2（mg/m^3）	0.40	0.15（日平均）

4）承包人在制定施工计划、施工方法、除尘措施以及进行施工时，应充分考虑 TSP 对环境空气的污染，委派环保专职人员监督实施，保证施工场界和敏感受体附近的 TSP 浓度能达到上表所述的国家的控制标准，并确保下列措施的实施：

（1）施工期间，除尘设备应与生产设备同时运行，并保持良好运行状态。

（2）选用低尘工艺，钻孔要安装除尘装置。

（3）混凝土系统配置除尘装置，定期检查除尘装置的运行情况，及时更换和修理无法运行的除尘设备。

（4）承包人应尽量避免将易产尘物料储存或堆放在敏感受体附近。

（5）在取得发包人许可前，承包人不得任意安装和使用对空气可能产生污染的锅炉、炉具等，以及产生烟尘或其它空气污染物的燃料，减少用煤量。承包人也不得在工地焚烧残物或其他废料。

（6）施工场地内应限制卡车、推土机车速以减少扬尘。

（7）承包人应经常清扫施工场地，保持场地的清洁，并充分地向多尘工地洒水，以避免施工场地及机动车在运行过程中产生扬尘。道路每天至少洒水四次，施工现场每天至少洒水两次。

（8）散装水泥、粉煤灰应由封闭系统从罐车卸载到水泥储存罐，所有出口应配有袋式过滤器。

（9）用以运输可能产生粉尘物料的敞蓬运输车，其车厢两侧及尾部均应配备挡板，可能产生粉尘物料的堆放高度不得高于挡板，并用干净的雨布加以遮盖。

（10）车辆运行路线和施工工地的布置应尽量远离敏感受体。

（11）交通废气与粉尘的消减：

A. 施工期间，各施工作业点空气污染物排放应遵守《大气污染综合排放标准》（GB 16297—1996）的二级排放标准（见表7-5），保证在施工场界附近的 NO_2、SO_2、铅化物的浓度值控制在《环境空气质量标准》（GB 3095—1996）的二级标准值（见表7-5）内。

表7-5　空气污染物排放浓度限值

污染物名称	《大气污染综合排放标准》（GB 16297—1996）二级	《环境空气质量标准》（GB 3095—1996）的二级
二氧化氮 NO_2（mg/m^3）	0.12	0.08（日平均）
二氧化硫 SO_2（mg/m^3）	0.40	0.15（日平均）
铅化物（ug/m^3）	6.0	1.50（季平均）

B. 为保证施工场界和敏感受体附近的 NO_2、SO_2、铅化物浓度能达到《空气污染物排放浓度限值》所述的国家的控制标准，承包人应确保下列措施的实施：

①排污量大的车辆及燃油机械设备需配置尾气净化装置。

②承包人需做好本标场内临时道路的洒水降尘工作。

③执行《在用汽车报废标准》，推行强制更新报废制度。

承包人有责任设计和实施以上相应的空气污染控制措施，并承担有关的一切费用。

9.2.4　噪声污染控制

1）工程开工前14天，承包人应根据其准备使用的施工或运输机械设备的类型、施工方法，制定降低噪声的方法和措施提交发包人和监理人审查、批准。

2）承包人应密切配合发包人和监理人对其降噪措施进行检查和检测。

3）施工期间，承包人应遵守《建筑施工场界噪声限值》（GB 12523—90），对施工场地产生的噪声加以控制（见表7-6）。

4）承包人于施工期间除按上述标准控制施工场地噪声外，还应禁止任何持续的高强噪声的操作。

表7-6　建筑施工场界噪声限值（GB 12523—90）（等效声级 Leg）

施工阶段	主要噪声源	噪声限值〔dB（A）〕	
		昼间	夜间
土石方	推土机、挖掘机、装载机等	75	55
结构	混凝土搅拌机、振揭器等	70	55
打桩	各种打桩机	85	禁止施工

5）承包人在制定施工计划、施工方法及降噪措施时，应充分考虑噪声对周边其它环境敏感点的影响，委派环保专职人员监督实施，使施工场界和敏感受体的噪声水平能达到国家噪声控制标准，并且确保下列措施的实施：

（1）施工期间，承包人应将动力机械设备合理分布在施工场地，应尽量避免在敏感受体附近同时布置或运行多套动力机械设备。

（2）施工期间，承包人应于施工场地与周边地区和敏感受体之间合理安装声障设施，以有效阻隔噪声向施工场地周边和敏感受体的方向传播。采用的声障设施要设计合理、性能优良、坚固耐用。声障的设计应于施工前 14 天送交发包人和监理人审查通过。

（3）加强设备的维护和保养。各种动力机械设备暂时不用时应关机。

（4）混凝土生产系统的空压机应设置消声器。振动大的机械设备使用减振机座降低噪声。

（5）严禁在施工场界内使用气喇叭。

（6）承包人应采取必要的预防措施保障职工的听力健康。

对施工人员应采取可靠的防护措施：配带耳塞或耳罩、耳棉。常见防护用品如下表所示。注意施工人员的合理作息，增强身体对环境污染的抵抗力。加强对施工人员的操作培训，减少突发事故和突发噪声的发生。

6）承包人有责任设计和实施以上相应的声污染控制措施，并承担有关的一切费用。

9.2.5　固体废弃物处理

固体废物包括生活、生产垃圾和施工弃渣。

1）本标范围内产生的生活垃圾由承包人负责收集、运输及处理。承包人应设置必要的生活卫生设施（垃圾筒等），及时清扫生活垃圾，并将其定期统一运往垃圾填埋场进行填埋处理。

2）机械修理及汽修等产生的生产垃圾含有较多的金属类废品，其中部分仍具有一定的回收价值，由承包人负责尽可能回收利用处理。其它生产垃圾统一运至垃圾填埋场进行填埋处理。

3）施工弃渣

（1）承包人应按本合同技术条款的有关规定和监理人的指示做好施工弃渣（土）的处理，严格按指定的渣场弃渣，并采取碾压、挡护等措施，承包人不得任意堆放弃渣，严禁向公路边坡及河道乱弃渣，防止和减少水土流失。否则按违约处理，由此发生的一切费用由承包人自行承担。

（2）对因施工造成场地塌滑、毁坏林草和场地造成泥沙漫流等问题，承包人应接受发包人、监理人及水行政主管部门的监督检查，并及时、无条件地进行处理，由此发生的一切费用由承包人自行承担。

9.2.6 有毒有害和危险品

承包人应按规定，对有毒有害和危险品严格管理，防止污染事故和安全事故的发生，由承包人的原因引起的损失和相关责任由承包人承担。

9.3 生态环境保护

9.3.1 陆生动植物及资源保护

本合同陆生动植物及资源保护工程范围为本标施工区及生活区，在施工期间承包人有义务明确以下保护措施：

1）承包人开始在施工场地内砍树和清除表土的工作以前，应得到发包人和监理人的认可。

2）承包人严禁在本标划定的施工区范围外砍伐树木。

3）未经发包人和监理人批准，承包人不得于施工区附近的任何地点倾倒废弃物。

9.3.2 景观与视觉保护要求

1）施工期间，承包人应负责生产场地（对于部分空闲的可以进行绿化的施工临时用地）的绿化、美化工作，改善生活环境，保证环境优美。

2）各种临时停放的机械车辆应停放整齐有序。

3）各种临时施工设施（如：临时住房、仓库、厂房等）在设计及建造时应考虑美观和与周围环境协调的要求。

4）弃土运输道路应远离视觉敏感受体。

9.4 人群健康保护

承包人对本标工程施工区和生活区内的卫生及施工人员的健康应确保以下措施：

1）在工程施工人员进入生活区和作业面前，委托或配合施工区医疗卫生机构进行卫生清理，采取消毒、杀虫、灭鼠等卫生措施，并对饮用水进行消毒。

2）对施工进驻人员，做好短期疫情监测，并采取有效措施减少感染者。

3）职工食堂应严格执行《中华人民共和国食品卫生法》相应条款。

4）所有传染病人、病原携带者和疑似病人一律不得从事易于使该病传播的职业或工种。

进行与本合同有关的施工区及生活区疾病预防及急救措施发生的费用由承包人承担。

9.5 水土保持措施

本合同负责本标涉及的施工场地（永久区及临时区）、施工使用道路及所使用的渣场的水土保持工程措施，并进行工程结束后的场地清理。

1）施工场地

（1）承包人应自觉保护施工场地周围的林草和水土保持设施，尽量减少对地表的扰动，避免或减少由于施工造成的水土流失。

（2）承包人应根据施工特点，对施工场地（包括永久、临时场地）事先采取水土保持措施。

（3）按合同规定采取有效措施做好本标合同范围内工程项目的开挖支护、排水、固结灌浆、混凝土浇筑、挡护及排水等工程防护措施。做好混凝土拌和区、工程开挖边坡、施工生活区等临时建筑周围截水、排水，开挖边坡支护、挡护等工程防护措施。

2）场内交通设施

（1）承包人在弃渣运输时应采取防泄漏措施，对出现的部分渣料遗撒情况，予以必要的清理或回收。

（2）对由本合同承包人负责修建的场内交通公路边坡采取有效的水土流失防治措施。

3）渣场

本标在弃渣场使用期间，应确保做好以下水土保持措施：

（1）弃渣运输采取防泄漏措施。

（2）承包人施工期间应始终维护工地的良好排水状态，防止降雨对施工场地地表的冲刷，包括事先设置排水沟、涵洞（管）等。

（3）开挖料如临时堆放，承包人应选择不易受径流冲刷侵蚀的场地，并在其周边修建临时排水沟引排周边汇水，必要时选择土工布遮盖。

（4）因承包人未设置足够的排水设施致使环境及工程遭受破坏时，其责任由承包人自负。

（5）严格控制堆渣程序，保证堆渣边坡坡度。

（6）承包人需服从监理人的协调和负责渣场维护及管理的承包人指挥。

9.6　场地清理

场地清理范围包括本标范围内的临时施工场地及监理人指定的其他场地，并需经监理人检验合格为止。

1）在每一施工工区，当施工结束后，承包人应及时拆除各种临时设施（沉淀池等）、地面以上部分临时建筑结构。

2）承包人使用的所有材料和设备按计划撤离现场，工地范围内废弃的材料、设备及其他生产垃圾应全部统一按监理人指定的地点和方式处理。

3）对施工区内的排水沟道、挡护措施等水土保持设施在撤离前应进行疏通和修整。

4）按合同要求及监理人指示拆除其他有关设施及结构，及时进行场地清理。

9.7 环境保护与水土保持设施的验收

1）工程环境保护、水土保持专项设施的竣工验收分别按国家《建设项目环境保护设施竣工验收管理规定》和《开发建设项目水土保持设施验收管理办法》的有关规定执行。

2）施工场（区）内的专项环境保护、水土保持设施的验收由监理人组织，邀请有关部门参加并签署意见。专项环境保护与水土保持设施验收不合格的不能投产使用。

第二节　本工程采用的法规及技术规范

承包人除了应按发包方提供的施工详图和设计修改通知要求进行施工外，还应在执行本合同中，对所有材料和施工工艺，都应遵照国家和行业标准（规范、规程等）的要求执行，国家或行业标准作出修改的，则以修订后的新标准执行，当各种标准之间存在矛盾时，应按最高标准的要求执行。本合同应遵照执行的技术规范及法规主要有（但不限于）：

1　法律法规

（1）《中华人民共和国建筑法》（主席令第 46 号）；

（2）《中华人民共和国安全生产法》（主席令第 70 号）；

（3）《建设工程质量管理条例》（国务院令第 279 号）；

（4）《中华人民共和国环境保护法》（1989 年 12 月）；

（5）《中华人民共和国环境影响评价法》（2003 年 9 月）；

（6）《中华人民共和国水土保持法》（1991 年 6 月）；

（7）《中华人民共和国水土保持法实施条例》（1993 年 8 月 1 日）；

（8）《中华人民共和国森林法》（1984 年 9 月 20 日通过，1998 年 4 月 29 日修正）；

（9）《中华人民共和国野生动物保护法》（1988 年 11 月通过，2004 年 8 月 28 日修正并实施）；

（10）《中华人民共和国水污染防治法》（2008 年 6 月 1 日实施）；

（11）《中华人民共和国大气污染防治法》（2000 年 4 月修订，2000 年 9 月 1 日实施）；

（12）《中华人民共和国固体废物污染环境防治法》（2004 年 12 月修订，2005 年 4 月 1 日实施）；

（13）《中华人民共和国环境噪声污染防治法》（1996 年 10 月修订，1997 年 3 月 1

日实施）；

（14）国务院第 253 号令《建设项目环境保护管理条例》（1998 年 11 月 29 日）；

（15）《中华人民共和国陆生野生动物保护实施条例》（1992 年 3 月）；

（16）《中华人民共和国野生植物保护条例》（1996 年 9 月）；

（17）《土地复垦条例》（1988 年 11 月 8 日国务院令第 19 号发布，1989 年 1 月 1 日起施行）；

（18）国务院国发【2005】39 号《国务院关于落实科学发展观加强环境保护的决定》；

（19）国发（1996）31 号"国务院关于环境保护若干问题的决定"；

（20）《全国生态环境保护纲要》（2001 年 11 月 26 日）；

（21）国家环保总局、国家发改委环发［2005］13 号《关于加强水电建设环境保护工作的通知》；

（22）国家环境保护总局环发［2001］4 号《关于西部大开发中加强建设项目环境保护管理的若干意见》（2001 年 1 月）；

（23）《中华人民共和国水法》（2002 年 8 月修订）；

（24）国务院环境保护委员会［1984］国环字第 002 号"关于公布我国第一批《珍惜保护植物名录》的通知"；

（25）国家农业部令第 4 号《国家重点保护野生植物名录（第一批）》（国务院 1999 年 8 月 4 日批准）。

2　电气安装工程规范

（1）《电力变压器》（GB 1094）；

（2）《高压交流隔离开关和接地开关》（GB 1985）；

（3）《绝缘配合》（GB 311.1）；

（4）《电工术语名词》（GB 2900）；

（5）《电线电缆电性能试验方法》（GB/T 3048）；

（6）《局部放电测量》（GB 7354）；

（7）《高压开关设备和控制设备标准的共用技术要求》（GB/T 11022）；

（8）《交流无间隙金属氧化物避雷器》（GB 11032）；

（9）《高压电器设备无线电干扰测试方法》（GB 11604）；

（10）《额定电压 1kV（Um＝1.2kV）到 35kV（Um＝40.5kV）挤包绝缘电力电缆及附件》（GB/T 12706）；

（11）《电力电缆导体用压接型铜、铝接线端子和连接管》（GB/T 14315）；

（12）《污秽条件下使用的高压绝缘子的选择和尺寸确定》（GB/T 26218）；

（13）《交流电气装置的接地设计规范》（GB 50065）；

（14）《电气装置安装工程高压电器施工及验收规范》（GB 50147）；

（15）《电气装置安装工程电力变压器、油浸电抗器、互感器施工及验收规范》（GB 50148）；

（16）《电气装置安装工程母线装置施工及验收规范》（GB 50149）；

（17）《电气装置安装工程电气设备交接试验标准》（GB 50150）；

（18）《电气装置安装工程电缆线路施工及验收规范》（GB 50168）；

（19）《电气装置安装工程接地装置施工及验收规范》（GB 50169）；

（20）《电气装置安装工程低压电器施工及验收规范》（GB 50254）；

（21）《电气装置安装工程爆炸和火灾危险环境电气装置施工及验收规范》（GB 50257）；

（22）《钢结构工程施工质量验收规范》（GB 50205）；

（23）《电力工程电缆设计规范》（GB 50217）；

（24）《火力发电厂与变电站设计防火规范》（GB 50229）；

（25）《交流电气装置的过电压保护和绝缘配合》（DL/T 620）；

（26）《交流电气装置的接地》（DL/T 621）；

（27）《电气装置安装工程质量检验及评定规程》（DL/T 5161）；

（28）《国家电网公司输变电工程施工工艺示范手册变电工程分册电气部分》；

（29）电气装置安装工程高压电器施工及验收规范（GBJ 147）

（30）电气装置安装工程电力变压器、油浸电抗器、互感器施工及验收规范（GBJ 148）；

（31）电气装置安装工程母线装置施工及验收规范（GBJ 149）；

（32）高压输电设备的绝缘配合和高电压试验技术（GB 311）；

（33）低压电器基本标准（GB 1497）；

（34）电气装置安装工程电气设备交接试验标准（GB 50150）；

（35）电气装置安装工程电气照明装置施工及验收规范（GB 50159）；

（36）电气装置安装工程电缆线路施工及验收规范（GB 50168）；

（37）电气装置安装工程接地装置施工及验收规范（GB 50169）；

（38）电气装置安装工程旋转电机施工及验收规范（GB 50170）；

（39）电气装置安装工程盘、柜及二次回路结线施工及验收规范（GB 50171）；

（40）电气装置安装工程蓄电池施工及验收规范（GB 50172）；

（41）电气装置安装工程低压电器施工及验收规范（GB 50254）；

（42）电气装置安装工程电力变流设备施工及验收规范（GB 50255）；

（43）电气装置安装工程 1kV 及以下配线工程施工及验收规范（GB 50258）；

（44）电气装置安装工程电气照明装置施工及验收规范（GB 50259）；

（45）火力发电厂金属技术监督规程（DL 438）；

（46）电力建设施工及验收技术规范（管道篇）（DL 5031）；

（47）交流电气装置的接地技术条件（DL/T 621）；

（48）风力发电场运行规程（DL/T 666）；

（49）风力发电场安全规程（DL 796）；

（50）风力发电场检修规程（DL/T 797）；

（51）管道焊接接头超声波检验技术规程（DL/T 820—20）；

（52）火力发电厂焊技术规程（DL/T 869）；

（53）电力建设施工及验收规范（管道焊接接头超声波检验篇）（DL/T 5048）；

（54）风力发电场项目建设工程验收规程（DL/T 5191）；

（55）电力工业技术管理法规；

（56）火电工程启动调试工作规定；

（57）国电公司火电工程调整试运质量检验及评定标准（2006）；

（58）火电施工质量检验及评定标准（共 11 篇）；

（59）风力发电机组安装手册、安全手册、调试手册、操作手册等资料。

3 建筑工程规范

（1）《建筑工程施工质量验收统一标准》（GB 50300—2001）；

（2）《屋面工程质量验收规范》（GB 50207—2002）；

（3）《低热微膨胀水泥》（GB 2938—2008）；

（4）《通用硅酸盐水泥》（GB 175—2007）；

（5）《建筑地面工程施工质量验收规范》（GB 50209—2002）；

（6）《建筑设计防火规范》（GBJ 16—87）；

（7）《建筑装饰装修工程质量验收规范》（GB 50210—2001）；

（8）《普通混凝土用砂质量标准及检验方法》（JGJ 52—92）；

（9）《普通混凝土用碎石或卵石质量标准及检验方法》（JGJ 53—92）；

（10）《混凝土用水标准》（JGJ 63—2006）；

（11）《特细砂混凝土配制及应用规程》（DBSI/5002—92）；

（12）《普通平板玻璃》（GB 4871）；

（13）《建筑用轻钢龙骨》（GB 11981—2008）；

（14）《砖石工程施工及验收规范》（GBJ 203—83）；

（15）《砌体工程施工质量验收规范》（GB 50203—2002）；

（16）《混凝土结构工程施工质量验收规范》（GB 50204—2002）；

（17）《钢结构工程施工质量验收规范》（GB 50205—2001）；

（18）《木结构工程施工质量验收规范》（GBJ 206—2002）；

（19）《地下防水工程质量验收规范》（GB 50208—2002）；

（20）《建筑防腐蚀工程施工及验收规范》（GB 50212—91）；

（21）《天然花岗石建筑板材》（GB/T 18601—2009）；

（22）《铝及铝合金阳极氧化阳极氧化膜总规范》（GB 8013—87）；

（23）《建筑室内用腻子》（JG/T 3049）；

（24）《玻璃幕墙工程技术规范》（JGJ 102—2013）；

（25）《建筑玻璃应用技术规程》（JGJ 113—2009）；

（26）《金属石材幕墙工程技术规程》（JGJ 133—2001）；

（27）《建筑幕墙》（JG 3035—1996）；

（28）《外墙外保温工程技术规程》（JGJ 144—2004）；

（29）《膨胀聚苯板薄抹灰外墙外保温系统》（JG 149—2003）；

（30）《金属镀覆和化学处理表示方法》（GB/T 13911—92）；

（31）《金属覆盖层钢铁制品热镀锌层技术要求》（GB/T 13912—92）；

（32）《聚氯乙烯卷材地板第 1 部分：带基材的聚氯乙烯卷材地板》（GB/T 11982.1—1989）；

（33）《聚氯乙烯卷材地板第 2 部分：有基材有背涂层聚氯乙烯卷材地板》（GB/T 11982.2—1996）；

（34）《地面辐射供暖技术规程》（JGJ 142—2004）；

（35）《碳素结构和低合金结构钢热轧薄钢板及钢条》（GB/T 912）；

（36）《不锈钢棒》（GB/T 1220）；

（37）《紧固件机械性能不锈钢螺栓、螺钉和螺柱》（GB/T 3098.6）；

（38）《紧固件机械性能不锈钢螺母》（GB/T 3098.15）；

（39）《陶瓷砖试验方法第 1 部分：抽样和接收条件》（GB/T 3810.1）；

（40）《干压陶瓷砖第 1 部分：瓷质砖（吸水率 E≤0.5％）》（GB/T 4100.1—1999）；

（41）《天然饰面石材试验方法第 7 部分：检测板材挂件组合单元挂装强度试验方法》（GB/T 9966.7）；

（42）《建筑胶粘剂通用试验方法》（GB/T 12954—91）；

（43）《硅酮建筑密封胶》（GB/T 14683）；

（44）《砌体工程施工质量验收规范》（GB 50203—2002）；

（45）《建筑装饰装修工程质量验收要求》（GB 50210—2001）；

（46）《建筑背栓抗拉拔、抗剪性能试验方法》（DJ/TJ 08—003—2000）；

（47）《建筑施工高处作业安全技术规范》（JGJ 80）；

（48）《陶瓷墙地砖胶粘剂》（JC/T 547—94）；

（49）《背栓式单元挂贴外墙饰面瓷板产品标准》（Q/ICIM02.1—2003）；

（50）《采暖通风与空气调节规范》（GB 50019—2003）；

（51）《火力发电厂与变电站设计防火规范》（GB 50229—2006）；

（52）《火力发电厂采暖通风与空气调节设计技术规程》（DL/T 5035—2004）；

（53）《民用建筑供暖通风与空气调节设计规范》（GB 50736—2012）；

（54）《火力发电厂与变电站设计防火规范》（GB 50229—2006）；

（55）《建筑设计防火规范》（GB 50016）；

（56）《建筑灭火器配置设计规范》（GB 50140）；

（57）《电力设备典型消防规程》（DL 5027—93）。

上述标准若有更新时按最新标准执行。

第三节　本工程技术条款

1　建筑工程

1.1　基本要求

建筑施工及安装工程必须严格按照设计施工图及招标人要求施工，符合有关建筑工程规程规范技术要求，满足建筑工程验收规程规定，工程质量达到合格等级。本技术要求中未提到的一些具体技术要求见设计图纸和相关规程规范。

1.2　工程范围

升压站全部土建施工，包括但不限于升压站场平、生产生活楼及配套设施、附属房、配电室、无功补偿室、给排水、暖通、消防、设备基础、围墙、大门、绿化、水土保持、防洪、站内道路、检修道路等。房屋建筑包含装修工程。

1.3　工程测量

1.3.1　基本要求

（1）承包人应以监理人提供的测量基准点为基准（若本招标文件未约定发包人提供测量基准点，则由承包人自行获取，费用包含在合同总价内），按国家测绘标准和本工程施工精度要求，测设用于工程施工的控制网，并应在收到开工通知后 14 天内，将施工控制网资料报送监理人审批。

（2）施工测量前，应依据施工组织设计和施工方案编制施工测量方案。

（3）承包人在施工现场最少应有满足本工程测量精度要求的全站仪及水准仪各一台，其它测量仪器满足施工需要。所使用测量仪器须在检定周期内，应具有足够的稳定性和精度，适于放线工作的需要。

（4）测量桩要注意保护，经常校测，保持准确。雨后、春融期或受碰撞、遇到损害应及时校测。

（5）从事施工测量的作业人员，应经专业培训、考核合格，持证上岗。

1.3.2 施工测量

（1）承包人负责工程施工所需的全部施工测量放线工作。

（2）承包人应按本技术条款的规定，提交计量测量资料报送监理人审核。监理人可以使用承包人的施工控制网自行进行检查测量，亦可要求承包人在监理人直接监督下进行复核对照测量。

（3）承包人应负责保护测量基准点及自行增设的控制网点，并提供通向网点的道路和防护栏杆。承包人应对测量网点的缺失和损坏负责修复。工程完工后，将施工测量控制网移交发包人。

（4）为实施上述施工测量工作所需的一切费用均应包含在相应施工项目合同价格中，发包人不另行支付。

1.3.3 竣工图测绘

1）竣工图应包括与施工图及设计变更相对应的全部图纸和根据工程竣工情况需要补充的图纸。

2）竣工图测绘完成后，应经原设计及施工单位技术负责人审核、会签。

3）凡属于下列情况之一的，必须进行现场实测编绘竣工图：

（1）由于未能及时提出建筑物或构筑物的设计坐标，而在现场指定施工位置的工程；

（2）设计图上只表明工程与地物的相对尺寸而无法推算坐标和高程；

（3）由于设计多次变更而无法查对设计资料；

（4）竣工现场的竖向布置、围墙和绿化情况，施工后尚保留的大型临时设施。

4）竣工图比例尺：1/500、1/1000 等。

5）竣工图的图面内容和图例，应与设计图一致，图例不足时，可补充编制，但必须加图例说明。

1.4 土石方开挖及回填

本章规定适用于本合同建筑工程施工图纸土方开挖工程。其开挖工作内容包括：准备工作、场地清理、土方开挖、施工期排水、完工验收前的维护，以及将开挖可利用或废弃的土方运至指定的堆放区，并按环境保护要求对开挖边坡进行保护、治理等工作。

1.4.1 施工中应遵循的标准和规程、规范

《建筑地基基础施工质量验收规范》GB 50202—2002；

《建筑工程施工质量验收统一标准》GB 50300—2013；

《土方与爆破工程施工及验收规范》GB 50201—2012。

1.4.2 一般要求

（1）根据本节规定及施工图纸要求进行基础施工的准备、开挖、回填、压实和压实检测及最终验收。

投标人应结合施工开挖区的开挖方法和开挖运输机械的运行路线，规划好开挖区域的施工道路。

在雨季施工中，投标人应有保证基础工程质量和安全施工的技术措施，有效防止雨水冲刷边坡和侵蚀地基土壤。

开挖过程中，投标人应经常校核测量开挖平面位置、水平标高、控制桩号、水准点和边坡坡度等是否符合施工图纸的要求。监理人有权随时抽验投标人的上述校核测量成果或与投标人联合进行核测。

临时开挖边坡，应按施工图纸所示或监理人的指示进行开挖。对投标人自行确定边坡坡度、且时间保留较长的临时边坡，经监理人检查认为存在不安全因素时，投标人应进行补充开挖和采取保护措施。但投标人不得因此要求增加额外费用。

土方开挖应从上至下分层分段依次进行，严禁自下而上或采取倒悬的开挖方法，施工中应随时作成一定的坡势，以利排水，开挖过程中应避免边坡稳定范围形成积水，以免影响边坡的稳定。

弃土的堆置：不允许在开挖范围的上侧弃土，必须在边坡上部堆置弃土时应确保开挖边坡的稳定，并经监理人批准。在冲沟内或沿河岸岸边弃土时，应防止山洪造成泥石流或引起河道堵塞。

机械开挖的边坡修整：使用机械开挖土方时，实际施工的边坡坡度应适当留有修坡余量，再用人工修整，应满足施工图纸要求的坡度和平整度。

边坡面渗水排除：在开挖边坡上遇有地下水渗流时，投标人应在边坡修整和加固前，采取有效的疏导和保护措施。

边坡安全的应急措施：土方开挖程中，如出现裂缝和滑动迹象时，投标人应立即暂停施工和采取应急抢救措施，并通知监理人。必要时，投标人应按监理人的指示设

置观测点，及时观测边坡变化情况，并做好记录。

1.4.3 基础开挖

（1）除经监理人专门批准的特殊部位开挖外，建筑物的基础开挖均应在旱地中施工。

（2）开挖后按施工图纸规定的深度保证基面干净、平整且无积水或流水，所有松散土、石均应予以清除。

（3）基础开挖后，如基坑表面发现原设计未勘查到的基础缺陷，则投标人必须按监理人的指示进行处理，包括（但不限于）增加开挖、回填混凝土等，监理人认为有必要时，可要求投标人进行基础的补充勘探工作。进行上述额外工作所增加的费用由发包人承担。

（4）建基面上不得有反坡、倒悬坡、陡坎尖角；结构面上的泥土、锈斑、钙膜、破碎和动土及石块以及不符合质量要求的岩体等均必须采用人工清除或处理。

（5）在工程实施过程中，依据基础石方开挖揭示的地质特性，需要对施工详图作必要的修改时，投标人应按监理人签发的设计修改图执行，涉及变更的计量和支付应按合同有关规定办理。

1.4.4 质量检查和验收

1）土方开挖前的质量检查和验收

土方开挖前，投标人应会同监理人进行以下各项的质量检查和验收。

（1）用于开挖工程量计量的原地形测量剖面的复核检查。

（2）按施工图纸所示的工程建筑物开挖尺寸进行开挖剖面测量放样成果的检查。投标人的开挖剖面放样成果，应经监理人复核签认后，作为工程量计量的依据。

（3）按施工图纸所示进行开挖区周围排水和防洪保护设施的质量检查和验收。

2）土方开挖过程中的质量检查

在土方开挖过程中，投标人应定期测量校正开挖平面的尺寸和标高，以及按施工图纸的要求检查开挖边坡的坡度和平整度，并将测量资料提交监理人。

3）土方工程完成后的质量检查和验收

土方开挖工程完成后，投标人应会同监理人进行以下各款的质量检查和验收。

（1）按施工图纸要求检查工程基础开挖面的平面尺寸、标高和场地平整度；

（2）取样检测基础土的物理力学性质指标。

4）开挖基础面检查清理的验收

（1）按施工图纸要求检查基础开挖面的平面尺寸、标高和场地平整度；

（2）本款规定的基础面检查清理作业是检验目的和性质不同的两次作业，未经监理人同意，投标人不得将这两次作业合并为一次完成。

1.4.5 土石方回填

1) 投标人的责任

(1) 投标人应按施工图纸和监理人的指示,完成施工图范围内的全部工作。

(2) 投标人应结合本工程土、石料场的统一规划,对开采和填筑的料物进行合理的平衡,保证填筑工程供料的连续和均衡。若供料不当,导致土石方填筑施工受阻,其延误的工期和增加的费用由投标人负责。

(3) 投标人应按施工图纸规定的技术指标负责土工合成材料的采购、验收、运输和保管,以及按本技术条款的规定完成土工合成材料防渗结构的全部施工作业。

2) 回填材料

(1) 承包人应负责提供回填所需的全部填料,填料能否用应由监理人批准。

(2) 填筑土石料应为新鲜、耐用的粗粒料,不得含有树根、表土、有机物含量大于5%的土及其他监理人认为不适宜的东西。

(3) 填筑料应为符合规定级配的材料。回填土石料最大粒径为100mm,且不得超过压实层厚度的2/3。

3) 回填填筑与碾压

(1) 材料回填前,应通过基础槽开挖的验收及表面的清理工作。

(2) 铺设面上应清除一切树根、杂草和尖石,保证铺设砂砾方垫层面平整,不允许出现凸出及凹陷的部位,并应碾压密实。排除铺设工作范围内的所有积水。

(3) 材料的级配应符合施工规范的要求,分层压实厚满足设计的要求。填筑体应分层回填,分层碾压,碎石料和混合料每层虚铺厚度不宜大于30cm,基础下部每层回填的压实系数不小于0.97,其他部位不得小于0.94。

(4) 采用机械碾压,碾压前要及时平料,力求铺料均匀、平整、特别要防止欠压、漏压。

(5) 气候干燥时,混合料碾压前要适当洒水,使填料达到最佳含水量,以利充分压实,日降雨量大于50mm时,应停止填筑施工。

(6) 铺料与碾压工序宜连续进行,若因施工或气候原因造成停歇,复工前要对表土洒水湿润,方可继续铺料,碾压上升。

(7) 填筑施工时,不允许填筑材料的大、小颗粒集中分布,若出现这种现象,投标人应负责进行混杂拌合,直到监理工程师认为达到要求后方能进行填筑施工。

(8) 应在填筑压实前后取样试验填筑材料是否满足设计要求,承包人应按监理人要求完成试坑、取样和进行试验,其费用已填进筑料工程量单价中,不另行支付。

1.5 砌体工程

1.5.1 范围

本章规定适用于本合同施工图纸和监理人指示的各类砌体工程建筑物,其工程项目包括综合楼、附属房、配电室、无功补偿装置室、围墙、电缆沟、管道支墩、集水井、排水沟等建筑物的浆砌石、干砌石和砌砖等工程。

1.5.2 砌石工程

1）砌石

砌石体的石料应由承包人到监理人批准的料场开采或购买。砌石材质应坚实新鲜，无风化剥落层或裂纹，石材表面无污垢、水锈等杂质，用于表面的石材，应色泽均匀。石料的物理力学指标应符合施工图纸的要求。

砌石体分毛石砌体和料石砌体，各种石料外形规格如下：

毛石砌体：毛石应呈块状，中部厚度不应小于15cm。规格小于要求的毛石（又称片石），可以用于塞缝，但其用量不得超过该处砌体重量的10％。

料石砌体：按其加工面的平整程度分为粗料石和毛料石两种。料石各面加工要求应符合《砌体结构工程施工质量验收规范》（GB 50203—2011）的规定。

用于浆砌石体的粗料石应经过试验，石料容重大于25kN/m³，湿抗压强度大于100MPa。

2）砂、砾石

砂和砾石的质量应符合《浆砌石坝施工技术规定》（试行）SDl 20—84 表 2.1.2 和表 2.1.3 的规定。砂浆采用的砂料，要求粒径为0.15～5mm，细度模数为2.5～3.0，砌筑毛石砂浆的砂，其最大粒径不大于5mm；砌筑料石砂浆的砂，最大粒径不大于2.5mm。

3）水泥和水

（1）砌筑工程采用的水泥品种和标号应符合现行规范的规定，到货的水泥按品种、标号、出厂日期分别堆存，受潮湿结块的水泥，禁止使用。

（2）应按现行规范规定的用水质量标准，拌制砂浆。对拌和及养护的水质有怀疑时，应进行砂浆强度验证，如果该水制成砂浆的抗压强度低于标准水制成的砂浆28天龄期抗压强度的90％以下时，则此水不能使用。

4）水泥砂浆

（1）水泥砂浆的配合比必须满足施工图纸规定的强度和施工和易性要求，配合比必须通过试验确定。施工中承包人需要改变水泥砂浆的配合比时，应重新试验，并报送监理人批准。

（2）拌制水泥砂浆，应严格按试验确定的配料单进行配料，严禁擅自更改，配料的称量允许误差应符合下列规定：

水泥为±2％；砂、砾石为±3％；水、外加剂为±1％。

（3）水泥砂浆拌和过程中应保持粗、细骨料含水率的稳定性，根据骨料含水量的变化情况，随时调整用水量，以保证水灰比的准确性。

（4）水泥砂浆拌和时间：机械拌和不少于2～3min，一般不应采用人工拌和。局部少量的人工拌和料至少干拌三遍，再湿拌至色泽均匀，方可使用。

（5）泥砂浆应随拌随用。水泥砂浆的允许间歇时间应通过试验确定，或参照表7-7选定。在运输或贮存中发生离析、析水的砂浆，砌筑前应重新拌和，已初凝的水泥砂浆不得使用。

5）浆砌石体砌筑

（1）一般要求

砌石体应采用铺浆法砌筑，砂浆稠度应为30～50mm，当气温变化时，应适当调整。

采用浆砌法砌筑的砌石体转角处和交接处应同时砌筑，对不能同时砌筑的面，必须留置临时间断处，并应砌成斜槎。

表7-7　水泥砂浆的允许间歇时间

砌筑时气温（℃）	允许间歇时间（min）	
	普通硅酸盐水泥	矿渣硅酸盐水泥及火山灰质硅酸盐水泥
20～30	90	120
10～20	135	180
5～10	195	—

砌石体尺寸和位置的允许偏差，不应超过《砌体结构工程施工质量验收规范》（GB 50203—2011）的规定。

（2）毛石砌体

砌筑毛石基础的第一皮石块应座浆，且将大面向下。毛石基础扩大部分，若做成阶梯形，上级阶梯的石块应至少压砌下级阶梯的1/2，相邻阶梯的毛石应相应错缝搭接。

毛石砌体应分皮卧砌，并应上下错缝、内外搭砌，不得采用外面侧立石块、中间填心的砌筑方法。

毛石砌体的灰缝厚度应为20～30mm，砂浆应饱满，石块间较大的空隙应先填塞砂浆，后用碎块或片石嵌实，不得先摆碎石块后填砂浆或干填碎石块的承包人法，石块间不应相互接触。

毛石砌体第一皮及转角处、交接处和洞口处应选用较大的平毛石砌筑。

毛石墙必须设置拉结石。拉结石应均匀分布、相互错开，一般每0.7m²墙面至少应设置一块，且同皮内的中距不应大于2m。

拉结石的长度，若其墙厚等于或小于400mm时，应等于墙厚；墙厚大于400mm

时，可用两块拉结石内外搭接，搭接长度不应小于 150mm，且其中一块长度不应小于墙长的 2/3。

毛石砌体每日的砌筑高度，不应超过 1.2m。

在毛石和实心砖的组合墙中，毛石砌体与砖砌体应同时砌筑，并每隔 4～6 皮砖用 2～3 皮丁砖与毛石砌体拉结砌合，两种砌体间的空隙应用砂浆填满。

毛石墙和砖墙相接的转角和交接处应同时砌筑。

（3）养护

砌体外露面，在砌筑后 12～18h 之间应及时养护，经常保持外露面的湿润。养护时间：水泥砂浆砌体为 14 天。

（4）水泥砂浆勾缝防渗

防渗用砂浆应采用 32.5 级以上的普通硅酸盐水泥。

勾缝砂浆必须单独拌制，严禁与砌体砂浆混用。

当勾缝完成和砂浆初凝后，砌体表面应刷洗干净，至少用浸湿物覆盖保持 21 天，在养护期间应经常洒水，使砌体保持湿润，避免碰撞和振动。

6）砌石工程质量检查

承包人应会同监理人进行以下各款所列项目的质量检查，检查记录应报送监理人。

（1）原材料的质量检查

A. 砌石工程所用的毛石和料石应按监理人指示和本技术条款相关章节及规范规定进行物理力学性质和外形尺寸的检查。

B. 用于砌石的水泥、水、外加剂以及砂和砾石等原材料应按监理人指示及本技术条款相关章节及规范的规定进行质量检查。

（2）水泥砂浆的质量检查

A. 应按监理人指示定期检查砂浆材料和小骨料混凝土的配合比。

B. 水泥砂浆的均匀性检查：定期在拌和机口出料时间的始末各取一个试样，测定其湿容重，其前后差值每立方米不得大于 35kg。

C. 水泥砂浆的抗压强度检查：同一标号砂浆试件的数量，28 天龄期的每 200m³ 砌体取成型试件一组 3 个。

（3）浆砌料石和毛石砌体质量检查

A. 外观检查：砌体砌筑面的平整度和勾缝质量、石块嵌挤的紧密度、缝隙砂浆的饱满度、沉降缝贯通情况等的外观质量检查。

B. 排水孔的坡度和阻塞情况检查。

C. 料石和毛石砌筑的尺寸和位置的允许偏差检查：其检查方法按《砌体结构工程施工质量验收规范》（GB 50203）的有关规定执行。

1.5.3 砌砖工程

1) 材料

（1）砖

承包人应按施工图纸要求或监理人的指示选用砖的品种和标号。

（2）砌砖砂浆

A. 采用的水泥、砂和水应符合本技术条款相关章节的规定。

B. 生石灰：熟化成石灰膏时，应用网过滤，使其充分熟化，熟化时间不得少于7天。

（3）砂浆应满足下列要求：

A. 符合施工图纸规定的强度等级；

B. 符合本技术条款相关章节及规范的砂浆稠度要求；

C. 保水性能好（分层度不应大于20mm）；

D. 拌和均匀。

（4）砂浆的配合比应经试验确定，若须改变砂浆的材料组成，应重新试验，并经监理人批准。

（5）砂浆的配合比应采用重量比，水泥、有机塑化剂和冬期施工中掺用的氯盐等的配料精确度控制在±2％以内；砂、石灰膏、粘土膏、粉煤灰和磨细生石灰粉等的配料精度控制在±5％以内。

（6）为使砂浆有良好的保水性，应掺入无机塑化剂或有机塑化剂，不应采取增加水泥用量的方法。

（7）砂浆应采用机械拌和，拌和时间从投料完算起应不少于2min。

（8）砂浆应随拌随用。水泥砂浆和水泥混合砂浆应分别在拌成后3h和4h内使用完毕；如施工期最高气温大于30℃，应分别在拌成后2h和3h内使用完毕。

2) 砌砖体砌筑

（1）砖应提前1～2天浇水湿润。普通砖、多孔砖含水率为10％～15％；灰砂砖、粉煤灰砖含水率为8％～12％。含水率以水重占干砖重的百分数计。

（2）砌砖体的灰缝横平竖直，厚薄均匀，并填满砂浆。

（3）埋入砌砖中的拉结筋，应安设正确、平直，其外露部分在施工过程中不得任意弯折。砌砖体尺寸和位置的允许偏差，应不超过《砌体结构工程施工质量验收规范》（GB 50203—2011）规定的限值。

（4）烧结普通砌砖体应上下错缝、内外搭接。实心砌砖体宜采用一顺一丁，梅花丁或三顺一丁的砌筑形式，砖柱不得采用包心砌法。

（5）砌砖体水平灰缝的砂浆应饱满，实心砌砖体水平灰缝的砂浆饱满度不得低于

80%，竖向灰缝宜采用挤浆或加浆方法，使其砂浆饱满，严禁用水冲浆灌缝。砌砖体的水平灰缝宽度一般为10mm，但不应小于8mm，也不应大于12mm。

（6）砌砖体的转角处和交接处应同时砌筑，对不能同时砌筑而又必须留置的临时间断处，应砌成斜槎。烧结实普通砖砌体的斜槎长度不应小于高度的2/3，多孔砖砌体的斜槎长高比应按砖的规格尺寸确定，外墙转角处严禁留直槎。

（7）砌砖体接槎时，必须将接槎处的表面清洗干净，浇水湿润，填实砂浆，保持灰缝平直。

（8）框架结构房屋的填充墙，应与框架中预埋的拉结筋连接。

（9）每层承重墙的最上一皮砖，应为整砖丁砌层。在梁或梁垫的下面，砌体的阶台水平面上以及砌砖体的挑出层（挑檐、腰线等）中，也应采用整砖丁砌层砌筑。

（10）施工需要在砖墙中留置的临时洞口，其侧边离交接处的墙面不应小于500mm；洞口顶部设置过梁。

3）冬季施工

当室外日平均气温连续5天稳定低于5℃时，且最低气温低于-3℃时，砌体工程的施工应按《砌体结构工程施工质量验收规范》（GB 50203—2011）中有关冬季施工的规定执行。

4）养护

（1）外露面砌体，养护期内应避免雨淋或暴晒；

（2）砌砖体完工后应至少洒水养护3天。

5）砌砖工程质量检查

承包人应会同监理人进行以下各款所列项目的质量检查，检查记录应报送监理人。

（1）砂浆的强度除符合施工图纸要求外，还应符合以下规定：

A. 同品种、同标号砂浆组试块的平均强度不小于砂浆强度的标准值。

B. 任意一组试块的强度不小于0.75砂浆强度的标准值。

C. 砖砌体砂浆饱满度的检查应符合本技术条款相关章节及规范的规定。

（2）砌砖工程质量应满足以下要求：

A. 砌砖体上下错缝应符合下列规定：砖柱、垛无包心砌法；窗间墙及清水墙面无通缝；混水墙每间（处）4～6皮砖的通缝不超过3处。

B. 砌砖体接槎处应灰浆密实，缝、砖平宜，每处接槎部位水平缝厚度小于5mm或透亮的缺陷不超过10个。

C. 预埋拉结筋应符合施工图纸的要求，留置间距偏差不超过3皮砖。

D. 留置构造柱位置应正确，残留砂浆清理干净。

E. 清水面墙组砌正确，刮缝深度适宜，墙面整洁。

（3）砌砖体尺寸、位置允许偏差。

砌砖体尺寸、位置允许偏差应符合《砌体结构工程施工质量验收规范》（GB 50203—2011）中的有关规定执行。

1.6　混凝土工程

1.6.1　模板

1）模板材料

模板材料应遵守规范的有关规定。

2）模板的设计、制作和安装

（1）混凝土模板的设计，除应满足本合同施工图纸的规定外，还应遵守规范的有关规定。

（2）各种混凝土模板制作的允许偏差不应超过《混凝土结构工程施工质量验收规范》（GB 50204—2011）的有关规定。

3）模板的清洗和涂料

（1）钢模板在每次使用前应清洗干净；为防锈和拆模方便，钢模面板应涂刷防锈保护涂料，不得采用污染混凝土和影响混凝土质量的涂剂。

（2）木模板面应采用烤石蜡或其它监理人批准的保护性涂料进行保护。

4）模板质量检查及验收

（1）现场安装质量检查：

A. 模板及其附件的制作质量应满足本合同技术条款和施工图纸的要求；

B. 模板安装应有足够的密封性能，以防止混凝土浇筑过程中的水泥浆流失；

C. 重复使用的模板应保持原设计要求的强度、刚度、密实性和模板表面的光滑度，检查发现模板有损坏时，承包人应按监理人指示进行更换或修补；

D. 模板安装完成后，承包人应会同监理人共同对模板的安装质量进行检查，检查记录应提交监理人；

E. 在混凝土浇筑过程中，承包人应随时检查模板的定线和定位，发现偏差和位移，应采取有效措施予以纠正，检查记录应提交监理人。

（2）模板拆除后的检查

拆模时间应经过验算。拆模后，承包人应会同监理人共同检查混凝土结构物及其浇筑面质量是否达到施工图纸要求的混凝土强度和平整度，验算成果和检查记录需提交监理人。

1.6.2　钢筋

1）材料

（1）钢筋混凝土结构用的钢筋和锚筋，其种类、规格、钢号、直径等均应符合有关设计文件的规定。混凝土结构用的钢筋和锚筋的规格和质量应遵守《水工混凝土钢筋施工规范》（DL/T 5169—2013）的规定。热轧钢筋的性能必须符合国家现行标准，《钢筋混凝土用热轧带肋钢筋》（GB 1499.2—2007）的要求。

（2）每批钢筋使用前，应按《水工混凝土钢筋施工规范》（DL/T 5169—2013）的相关规定，分批进行钢筋的机械性能检测。检测合格者才准使用，检测记录应提交监理人。

（3）对钢号不明的钢筋，承包人应按《水工混凝土钢筋施工规范》DL/T 5169—2013 的相关规定进行钢材化学成分和主要机械性能的检验，经检验合格，并经监理人批准后，方可使用。

（4）需要焊接的钢筋应做好焊接工艺试验。

2）钢筋的加工

（1）钢筋表面应洁净无损伤，使用前应将钢筋表面的油漆污染和铁锈等清除干净，带有颗粒状或片状老锈的钢筋不得使用。

（2）钢筋的弯折、端头和接头的加工应遵守《水工混凝土钢筋施工规范》（DL/T 5169—2013），钢筋弯后平直部分长度符合设计和《混凝土结构设计规范》（GB 50010—2010）的相关规定。钢筋的弯折内直径应符合的规定。

3）钢筋连接与安装

钢筋连接与安装应满足《混凝土结构工程施工规范》（GB 50666—2011）、钢筋焊接及验收规程》（JGJ 18—2012）及《钢筋机械连接技术规程》（JGJ 107—2010）等规范及设计要求。

4）钢筋的质量检查和检验

（1）钢筋的接头质量检验应遵守《混凝土结构工程施工规范》（GB 50666—2011）、《钢筋机械连接技术规程》（JGJ 107—2010）、《钢筋焊接及验收规程》（JGJ 18—2012）的规定。

（2）钢筋架设完成后，应按本合同技术条款和施工图纸的要求进行检查和检验，并做好记录，若安装好的钢筋和锚筋生锈，应进行现场除锈，对于锈蚀严重的钢筋应予更换。

（3）在混凝土浇筑施工前，应检查现场钢筋的架立位置，如发现钢筋位置变动应及时校正，严禁在混凝土浇筑中擅自移动或割除钢筋。

（4）钢筋的安装和清理完成后，承包人应会同监理人在混凝土浇筑前进行检查和验收，并做好记录，经监理人批准后，才能浇筑混凝土。

1.6.3 现浇混凝土施工

1）混凝土材料

（1）水泥

A. 检验：水泥进场时应对其品种、级别、包装或散装仓号、出厂日期等进行检查，并应对其强度、安定性及其他必要的性能指标进行复验，其质量必须符合现行国家标准《硅酸盐水泥、普通硅酸盐水泥》GB 175 等的规定。当在使用中对水泥质量有怀疑或水泥出厂超过三个月（快硬硅酸盐水泥超过一个月）时，应进行复验，并按复验结果使用。钢筋混凝土结构、预应力混凝土结构中，严禁使用含氯化物的水泥。

B. 检查数量：按同一生产厂家、同一等级、同一品种、同一批号且连续进场的水泥，袋装不超过 200t 为一批，散装不超过 500t 为一批，每批抽样不少于一次。

C. 贮存：到货的水泥应按不同品种、标号、出厂批号、袋装或散装等，分别贮放在专用的仓库或储罐中，防止因贮存不当引起水泥变质。袋装水泥的存放时间不应超过出厂日期 3 个月，散装水泥不应超过 6 个月，袋装水泥的堆放高度不得超过 15 袋。

（2）水

A. 凡适宜饮用的水均可使用，未经处理的工业废水不得使用。当采用饮用水时，水质应符合国家现行标准《混凝土用水标准》JGJ 63—2006 的规定。

B. 拌合用水所含物质不应影响混凝土和易性和强度的增长，以及引起钢筋和混凝土的腐蚀。

（3）骨料

A. 粗细骨料的质量应符合国家现行标准《普通混凝土用碎石或卵石质量标准及检验方法》（JGJ 53—1992）、《普通混凝土用砂、石质量及检验方法标准》（JGJ 52—2006）的规定。

B. 不同粒径的骨料应分别堆存，严禁相互混杂和混入泥土；装卸时，应避免造成骨料的严重破碎。

C. 对含有活性成分的骨料必须进行专门试验论证。

（4）外加剂

A. 承包人应根据混凝土的性能要求，结合混凝土配合比的选择，通过试验确定外加剂的掺量，其试验成果应报送监理人。

B. 用于混凝土中的外加剂，其质量及应用技术应符合现行国家标准《混凝土外加剂》（GB 8076—2008）、《混凝土外加剂应用技术规范》（GB 50119—2003）等以及有关环境保护的规定。

2）混凝土配合比选定

（1）各结构物的混凝土配合比必须通过试验选定，试验依据国家现行标准《普通混凝土配合比设计规程》（JGJ 55—2011）的有关规定。

（2）混凝土配合比试验前 7 天，承包人应将各种配合比试验的配料及其拌合、制模和养护等的配合比试验计划报送监理人。

（3）在施工过程中，承包人需要改变经监理人批准的混凝土配合比，必须重新得到监理人批准。

3）混凝土拌和

（1）承包人拌制现场浇筑混凝土时，必须严格遵守承包人现场试验室提供并经监理人批准的混凝土配料单进行配料，严禁擅自更改配料单。

（2）除合同另有规定外，承包人应采用固定拌合设备，设备生产率必须满足本工程高峰浇筑强度的要求，所有的称量、指示、记录及控制设备都应有防尘措施，设备称量应准确，其称量偏差不应超过《混凝土结构工程施工质量验收规范》（GB 50204—2011）的有关规定，承包人应按监理人的指示定期校核称量设备的精度。

（3）拌合设备安装完毕后，承包人应会同监理人进行设备运行操作检验。

（4）混凝土拌合应符合《混凝土结构工程施工质量验收规范》（GB 50204—2011）的有关规定，拌合程序和时间均应通过试验确定。

（5）因混凝土拌合及配料不当，或因拌合时间过长而报废的混凝土应弃置在指定的场地。

4）混凝土的取样和检验

（1）混凝土原材料的取样和检验。混凝土原材料的取样和检验应遵守《混凝土结构工程施工质量验收规范》（GB 50204—2011）的有关规定。

（2）混凝土拌和与混凝土拌和物的质量检测：

A. 混凝土拌和与混凝土拌和物的质量检测应遵守《混凝土结构工程施工质量验收规范》（GB 50204—2011）的有关规定。

B. 混凝土施工配合比必须满足本合同技术条款和施工图纸的要求，施工配料必须严格按监理人批准的混凝土配料单进行配料，严禁擅自更改。

C. 混凝土坍落度及混凝土拌和物的水胶比按《混凝土结构工程施工质量验收规范》（GB 50204—2011）的规定取样检测。

D. 混凝土拌和温度、气温和原材料温度的检测方法应遵守《混凝土结构工程施工质量验收规范》（GB 50204—2011）。

E. 各级混凝土试件的各项试验和检测均应遵守《混凝土结构工程施工质量验收规范》（GB 50204—2011）的规定。

5）混凝土运输

（1）混凝土运输应遵守《混凝土结构工程施工规范》（GB 50666—2011）、《混凝土结构工程施工质量验收规范》（GB 50204—2011）的相关规定。

（2）混凝土出拌合后，应迅速运达浇筑地点，运输时间不应超过45min，运输中不应有分离、漏浆、严重泌水及过多降低坍落度等现象。

（3）混凝土入仓时，应防止离析。

6）混凝土浇筑

（1）任何部位混凝土开始浇筑前 8h，承包人必须通知监理人对浇筑部位的准备工作进行检查。检查内容包括：岩（土）基面处理、已浇筑混凝土面的清理以及模板、钢筋、插筋、预埋件等设施的埋设和安装等，经监理人检验合格后，方可进行混凝土浇筑。

（2）任何部位混凝土开始浇筑前，承包人应将该部位的混凝土浇筑的配料单提交监理人审核，经监理人同意后方可进行混凝土浇筑。

（3）混凝土浇筑应保持连续性，浇筑混凝土允许间隙时间应按试验确定。混凝土运输、浇筑及间歇的全部时间不应超过混凝土的初凝时间。同一施工段的混凝土应连续浇筑，并应在底层混凝土初凝之前将上一层混凝土浇筑完毕。当底层混凝土初凝后浇筑上一层混凝土时，应按施工技术方案中对施工缝的要求进行处理。

（4）混凝土应使用振捣器振捣，在振捣过程中振捣器不得触碰钢筋和模板，更要防止过渡振捣使混凝土产生离析。

（5）不合格的混凝土严禁入仓，已入仓的不合格混凝土必须予以清除。

（6）浇筑混凝土时，严禁在仓内加水。如发现混凝土和易性较差，应采取加强振捣等措施，以保证质量。

（7）浇筑混凝土时，应经常观察模板、支架、钢筋、预埋件和预留孔洞的情况，当发现有变形、移位时，应及时采取措施进行处理。

（8）浇入仓内的混凝土应随浇随平仓，不得堆积。仓内若有粗骨料堆叠时，应均匀地分布于砂浆较多处，但不得用水泥砂浆覆盖，以免造成内部蜂窝。

（9）混凝土浇筑期间，如表面泌水较多，应及时研究减少泌水的措施。仓内的泌水必须及时排除。严禁在模板上开孔排水，带走灰浆。

（10）混凝土浇筑应遵守《混凝土结构工程施工规范》（GB 50666—2011）及《混凝土结构工程施工质量验收规范》（GB 50204—2011）的相关规定。

7）混凝土养护

（1）应在浇筑完毕后的 12h 以内，对混凝土加以覆盖，并保湿养护。

（2）混凝土浇水养护的时间：对采用硅酸盐水泥、普通硅酸盐水泥或矿渣硅酸盐水泥拌制的混凝土，不得少于 7d；对掺用缓凝型外加剂或有抗渗要求的混凝土，不得少于 14d。

（3）浇水次数应能保持混凝土处于湿润状态，混凝土养护用水应与拌制用水相同。

（4）采用塑料布覆盖养护的混凝土，其敞露的全部表面应覆盖严密，并应保持塑料布内有凝结水。

（5）混凝土强度达到 1.2N/mm² 前，不得在其上踩踏或安装模板及支架。

（6）混凝土养护应遵守《混凝土结构工程施工规范》（GB 50666—2011）及《混凝土结构工程施工质量验收规范》（GB 50204—2011）的相关规定。

注：

A. 当日平均气温低于 5℃时不得浇水；

B. 当采用其他品种水泥时，混凝土的养护时间应根据所采用水泥的技术性能确定；

C. 混凝土表面不便浇水或使用塑料布时，宜涂刷养护剂；

D. 对大体积混凝土的养护，应根据气候条件按施工技术方案采取控温措施。

8）混凝土温度控制

（1）一般要求：

A. 本节规定适用于现场浇筑大体积混凝土的温度控制工程，并应遵守《大体积混凝土施工规范》（GB 50496—2009）及《混凝土结构工程施工规范》（GB 50666—2011）的有关规定。其他有温度控制要求的现浇混凝土应参照本条有关规定执行。

B. 承包人应根据本合同施工图纸所设置的混凝土工程建筑物的浇筑纵横缝、分层厚度、浇筑间歇时间、混凝土允许最高温度及其它温度控制要求，编制温度控制措施专项技术文件，提交监理人批准。

C. 承包人应采取有效措施控制混凝土搅拌机出机口温度，以及运输、浇筑过程中的温度回升，混凝土允许浇筑温度应符合本合同技术条款和施工图纸的要求。

D. 混凝土浇筑的纵横缝设置、分层厚度及浇筑间歇时间等，必须符合本合同技术条款和施工图纸的要求。若改变分层厚度时需要专门论证，并提交监理人批准。

（2）降低混凝土浇筑温度

降低混凝土浇筑温度应遵守《大体积混凝土施工规范》（GB 50496—2009）的有关规定。

（3）降低混凝土水化热温升

在满足合同技术条款和施工图纸规定的混凝土各项指标（强度、耐久性、抗裂等）要求的前提下，优化混凝土配合比设计，采取综合措施，减少混凝土单位水泥用量。

（4）控制浇筑层最大高度和浇筑间歇时间

大体积混凝土浇筑应控制浇筑层最大高度和浇筑间歇时间。除施工图纸另有规定外，大体积混凝土浇筑的最大高度和最小间歇时间应遵守《大体积混凝土施工规范》（GB 50496—2009）的有关规定。

（5）温度测量

混凝土施工过程中的温度测量应遵守《大体积混凝土施工规范》（GB 50496—2009）的相关规定。

9）季节性混凝土施工

季节性混凝土施工应遵守《混凝土结构工程施工规范》（GB 50666—2011）及《大体积混凝土施工规范》（GB 50496—2009）的相关规定。同时混凝土的冬期施工还应符合国家现行标准《建筑工程冬期施工规程》（JGJ/T 104—2011）和施工技术方案的规定。

10）止水、伸缩缝和排水管

止水、伸缩缝和排水管施工应遵守《混凝土结构工程施工规范》（GB 50666—2011）的有关规定。

11）混凝土质量检测与评定

（1）基本要求

承包人应按本技术条款的规定对混凝土的原材料和配合比进行检测以及对施工过程中各项主要工艺流程和完工后的混凝土质量进行检查、验收和评定。监理人应按本合同的规定进行抽样检测，承包人的检测、试验及评定资料应及时报送监理人。

（2）检测、评定适用标准

混凝土试件的抽样方法、抽样地点、抽样数量、养护条件、试验龄期应符合现行国家标准《混凝土结构工程施工质量验收规范》（GB 50204—2011）、《混凝土强度检验评定标准》（GB/T 50107—2010）的规定；其制作要求、试验方法应符合现行国家标准《普通混凝土力学性能试验方法标准》（GB/T 50081—2002）等的规定。

（3）强度检测

结构混凝土的强度等级必须符合设计要求。用于检查结构构件混凝土强度的试件，应在混凝土的浇筑地点随机抽取。取样与试件留置应符合《混凝土结构工程施工质量验收规范》（GB 50204—2011）的相关规定：

A. 每拌制 100 盘且不超过 100m³ 的同配合比的混凝土，取样不得少于一次；

B. 每工作班拌制的同一配合比的混凝土不足 100 盘时，取样不得少于一次；

C. 当一次连续浇筑超过 1000m³ 时，同一配合比的混凝土每 200m³，取样不得少于一次；

D. 每一楼层、同一配合比的混凝土，取样不得少于一次；

E. 每次取样应至少留置一组标准养护试件，同条件养护试件的留置组数应根据实际需要确定；

F. 混凝土抗拉强度的检查以 28 天龄期的试件按每 200m³ 成型试件 3 个。3 个试件应取自同一盘混凝土。

（4）混凝土强度评定

混凝土强度评定应遵守《混凝土强度检验评定标准》（GB/T 50107—2010）的相

关要求。

1.7　预埋件施工

1.7.1　适用范围

适用于本合同施工图纸所示的地沟支架、设备基础、吊架、框架、锚钩、锚筋、止水、伸缩缝、管道等预埋固定件以及接地装置等预埋件的埋设。

1.7.2　预埋件埋设要求

（1）预埋件施工应遵守设计图纸、厂家安装技术说明书及《混凝土结构工程施工规范》（GB 50666—2011）的有关规定。

（2）使用的所有材料，应符合施工图纸的规定。材料必须具有制造厂的质量证明书，其质量不得低于国家现行标准的规定。

（3）若要求采用代用材料时，应将代用材料的质量证明书及试用成果报送监理人审批。未经监理人批准的代用材料不得使用。

（4）如需修改施工图纸，事先须经监理人批准，修改后的埋件位置应避免与其它埋件相干扰，并与建筑物表面处理相协调。

（5）应按施工图纸的要求，将预埋电气管道的终端引出，在预埋的电气管道中应穿一直径不小于 2mm 的镀锌铁丝，末端露出终端外。若施工图纸另有规定时，应按规定执行。

（6）在施工图纸未规定时，管道穿过楼板的钢性套管，其顶部应高出地面 20mm，底部与楼板底面齐平；安装在墙壁内的套管，其两端应与墙面相平。管道穿过水池壁和地下室外墙时，应设置防水套管；穿过屋面的管道应有防水肩和防雨帽。

1.7.3　固定件的埋设

（1）各类固定件应按施工图纸要求购置和加工。加工后的固定件应平直，无明显扭曲，切口应无卷边、毛刺。

（2）固定件安装就位，并经测量检查无误后，应立即进行固定。采用电焊固定时，不得烧伤固定件的工作面；采用临时支架固定时，支架应具有足够的强度和刚度。在浇筑混凝土或回填时，应保持固定件位置正确。

（3）固定件不得跨沉降缝或伸缩缝。

（4）在同一直线段上，同一类型的支、吊架间距应均匀，横平竖直并整齐。

（5）电气部分预埋固定件的埋设，应符合施工图纸和《电缆线路施工及验收规范》（GB 50168—2006）的相关规定。

（6）整个施工期间，承包人应注意保护好全部预埋固定件，防止其发生损坏和变形。由于承包人施工措施不当造成预埋固定件的损坏和变形时，应由其负责修复。

（7）预埋固定件采用二期混凝土预留孔（槽）时，预留孔孔模的埋置应符合施工图纸和本技术条款有关条款的规定。

1.7.4 完工验收

本工程预埋管道、预埋固定件应由监理人进行单项验收。预埋件埋设的完工验收应列入各单位工程的验收项目内，在单位工程或全部工程验收时，一并验收。

1.8 预制混凝土

1.8.1 材料

（1）预制混凝土所需原材料的采购、储存、运输、拌和以及配合比试验等均应符合本章现浇混凝土施工的有关规定。

（2）预制混凝土构件的模板应优先采用钢模，模板的材料及其制作、安装、拆除等工艺应符合本技术条款的有关规定。

（3）钢筋的采购、运输、保管、质量检验和验收应符合本技术条款的钢筋有关规定。

1.8.2 预制构件

（1）制作预制混凝土构件的场地应平整坚实，设置必要的排水设施，保证制作构件时不因混凝土浇筑振捣而引起场地的沉陷变形。

（2）预制构件的钢筋安装应遵守《混凝土结构工程施工质量验收规范》（GB 50204—2011）及《混凝土结构工程施工规范》（GB 50666—2011）的有关规定。

（3）预制混凝土构件的制作允许偏差应参照《混凝土结构工程施工质量验收规范》（GB 50204—2011）的有关数据确定。

（4）预制混凝土模板的安装和拆除符合《混凝土结构工程施工质量验收规范》（GB 50204—2011）及《混凝土结构工程施工规范》（GB 50666—2011）的有关规定，混凝土预制件必须达到规定强度后，方可拆除模板。

1.8.3 运输、堆放、吊运和安装

预制构件的运输、堆放、吊运和安装应符合《混凝土结构工程施工质量验收规范》（GB 50204—2011）及《混凝土结构工程施工规范》（GB 50666—2011）。

1.8.4 质量检查和验收

承包人应会同监理人对预制混凝土构件的制作和安装进行以下项目的检查和验收：

（1）预制混凝土原材料的质量检验应按本章的有关规定执行。

（2）预制混凝土构件应按《混凝土结构工程施工质量验收规范》（GB 50204—2011）的规定进行预制构件性能检验、外观质量检查和构件施工安装质量的检查。

1.9 泵送混凝土

1.9.1 一般要求

（1）泵送混凝土施工前，应将模板、钢筋等各项前工序验收合格后方可进行。

（2）泵送混凝土施工的供应遵守《混凝土泵送施工技术规程》（JGJ/T 10—2011）的有关规定。

（3）泵送混凝土施工时的安全技术和劳动保护等要求必须符合国家有关规定。

1.9.2　泵送混凝土施工配合比

（1）泵送混凝土的施工配合比，应符合《普通混凝土配合比设计规程》（JGJ 55—2011）的相关要求。

（2）泵送混凝土施工的可泵性，可用压力泌水试验结合施工经验进行控制，一般 l0s 时的相对压力泌水率 S10 不宜超过 40%。

（3）泵送混凝土的施工参数可参照《混凝土泵送施工技术规程》（JGJ/T 10—2011）的规定选用。

1.10　道路工程

1.10.1　范围

道路工程包括进场道路、场内道路及升压站站内道路等。其中进场道路长度为
_____;场内道路长度为_____；升压站站内道路为_____。

1.10.2　一般技术要求（包括但不限于）

（1）设计速度：_____；

（2）路基宽度：_____；

（3）路面宽度：_____；

（4）曲线最小半径：_____；

（5）竖曲线最小半径：_____；

（6）竖曲线最大半径：_____；

（7）最大纵坡：_____；

（8）桥涵设计荷载：_____；

（9）混凝土路面强度等级：_____；

（10）路基压实度要求：_____。

1.10.3　施工技术要求

（1）路基施工方法和要求按《公路路基施工技术规范》（JTGF 10）及设计要求执行。路面施工方法和要求按《公路水泥混凝土路面施工技术规范》（JTGF 30）、《水泥混凝土路面施工及验收规范》（GBJ 97）及设计要求执行。桥涵施工方法和要求按《公路桥涵施工规范》及设计要求执行。

（2）路基填土应严格控制，分层填筑，分层碾压，每层压实厚度不得超过20cm。并且注意与构造物衔接处的填土压实，以防止构造物两侧路基深陷，造成路面破坏。路基压实控制在最佳含水量时进行。

（3）天然风化砂石路面应在基层（垫层）验收合格的基础上铺筑，未经监理工程师批准而在其上摊铺的材料，应由承包人自费清除。在铺筑面层前，应将路基（垫层）面上的浮土、杂物全部清除，并洒水湿润。

（4）混凝土路面应选用硅酸盐水泥、普通硅酸盐水泥或道路硅酸盐水泥。水、砂、骨料、外加剂等参照本技术规范混凝土相关章节技术要求执行。

（5）涵洞顶上及涵身两侧范围内回填砂砾须分层水沉撼实，压实度达到95％。涵洞洞顶填土高度大于50cm 以上。

1.10.4 实验及检查验收

（1）路基按《公路土工试验规程》（JTG E40）及《公路路基路面现场测试规程》（JTJ 059）规定方法及设计要求进行含水量与密实度、液限和塑限、有机质含量、承载比（CBR）试验和击实试验等检测。

（2）混凝土路面按《水泥混凝土路面施工及验收规范》（GBJ 97）的规定进行检查验收；天然风化砂石路面应按《公路土工试验规程》（JTG E40）及《公路工程质量检验评定标准》（JTGF 801）进行压实度检测，并按规定检验平整度、宽度、厚度等其他项目。

（3）承包人及监理单位应对施工全过程进行质检。根据规范要求，对路床、路基、路面各层的压实度、平整度、强度及承载力等进行现场测试。

1.11 装修工程

1.11.1 工程概况及范围

（1）适用范围

本章规定适用于本合同施工图纸所示的综合楼、附属建筑、配电室、无功补偿室等所有建筑物。主要建构筑物一览表如表 7-8 所示：

表 7-8 主要建构筑物一览表

序号	建构筑物名称	数量 m²	结构形式	层数	备注
1	生产综合楼				
2	配电室				
3	辅助建筑				
4	无功补偿室				
5	……				

（2）建筑设计

综合楼：采用＊＊结构，详见附图。

配电室：采用＊＊结构，详见附图。

辅助建筑：采用＊＊结构，钢筋混凝土地下式水池，详见附图。

无功补偿：采用＊＊结构，详见附图。

1.11.2 一般规定

（1）装饰工程所用的材料，应按设计要求选用，并应符合现行材料标准及室内环境要求的规定。

（2）装饰工程所用的砂浆、石灰膏、玻璃、涂料石材等，宜集中加工或配制。

（3）装饰材料和饰件以及有饰面的构件，在运输、保管和施工过程中，必须采取措施防止损坏和变质。

（4）抹灰、涂料工程的等级及适用范围，应符合设计要求。

（5）装饰工程应在基体或基层的质量检验合格后，方可施工。

（6）室外抹灰和饰面工程的施工，一般应自上而下进行。

（7）室内装饰工程的施工，应待屋面防水工程完工后，并在不致被后继工程所损坏和污染的条件下进行。

（8）室内吊顶、隔断的罩面板和花饰等工程，应待室内地（楼）面湿作业完工后施工。

（9）装饰工程必须作好成品保护，施工用水和管道设备试压的水，不得污损装饰工程。

（10）装饰工程施工安全技术、劳动保护、防火、防毒等的要求，应按国家现行的有关规定执行。其材料堆放应注意安全防火。

1.11.3 门窗工程

本节适用本工程塑钢门窗及特殊门窗（防火门、防火窗、防火卷帘门、特制大门等）的安装及验收。材料、安装及验收满足设计及规范要求。

1.11.4 涂料工程

本节适用于室内外各种水性涂料、乳液型涂料溶剂型涂料（包括油性涂料）、防火涂料、清漆等涂料工程的施工及验收。各种涂料需要选择知名厂家的名优产品，室内涂料必须选择环保达标产品。材料、施涂及验收满足设计及规范要求。

1.12 照明系统工程

1.12.1 概述

（1）电气照明按工作方式分正常照明和事故照明，按布置方式分户内和户外两部分。户内部分为综合楼、配电室、SVG室、附属房等房屋建筑内的照明，户外部分为升压站区域除房屋内照明之外的照明。正常工作照明电源取自0.4kV所用电柜，事故照明采用交直流切换（切换装置装于事故照明分电箱内），直流电源取自直流屏。

（2）户内正常工作照明以荧光灯为主，并配备少量其他灯型。事故照明主要设置在中控室、配电装置室、继保室、SVG室、通信机房及楼梯间等，满足规范要求。户外照明主要围绕环形道路设置的路灯或庭园灯。

（3）电气照明线路采用塑料护套线或电缆，一般穿管暗敷。

1.12.2 照明工程安装技术要求

照明装置、线管配线、照明配电箱及照明器具安装等应符合设计及相关规范要求。

1.12.3 检查验收

照明器具安装完毕后按照产品技术说明和《电气装置安装工程电气照明装置施工及验收规范》（GB 50259—2006）的有关规定进行验收。

1.13 给排水工程

1.13.1 范围

给排水工程包括但不限于：升压站所有给排水设备采购、安装及调试，包括深井取水设备、生活供水设备及污水处理设备等；升压站室内外上水、下水管道、事故排油管道的敷设及安装，包括深井打井、直埋管道、沟道、检查井及化粪池施工等；屋顶及室内（厨房、卫生间等）等部位的防水工程。

1.13.2 一般技术要求（包括但不限于）

（1）水处理设备参数；

（2）给排水管道、阀门参数；

（3）排水沟道参数；

（4）检查井参数；

（5）化粪池参数；

（6）防水工程技术参数。

1.13.3 施工技术要求

1）给排水管道施工严格按照《给水排水管道工程施工及验收规范》（GB 50268）及设计要求进行施工。阀门安装严格按照《阀门检验与安装规范》（SY/T 4102）及设计要求进行安装。

2）室内防水施工参照《住宅室内防水工程技术规范》（JGJ 298）及设计要求进行施工。屋顶防水施工参照《屋面工程技术规范》（GB 50345）和设计要求进行施工。

3）明管管道成排安装时，直线部分应互相平行。曲线部分：当管道水平或垂直并行时，应与直线部分保持等距；管道水平上下并行时，弯管部分的曲率半径应一致。

4）冷热水管道同时安装应符合以下的规定：

（1）上、下平行安装时热水管应在冷水管上方。

（2）垂直平行安装时热水管应在冷水管左侧。

（3）管道的安装位置、坡度、净距、焊缝、水压试验必须符合设计要求和有关技术标准。

5）卫生器具的给水配件应完好无损，接口严密，启闭部分灵活。卫生器具的支、托架必须防腐良好，安装平整、牢固、与器具接触紧密、平稳。

6）卫生器具的排水管道接口应紧密不漏、与横管连接的各卫生器具的受水口和立管均应采取可靠的固定措施，管道和楼板的接触部位采取可靠的防渗和防漏措施。排水管道的最小坡度和排水管径符合设计的要求，安装偏差符合有关技术规范的规定。

7）给水管道的敷设、坐标、高度、坡度符合设计的要求。给水管道不得直接穿越污水井、化粪池、公共厕所等污染源。管道的连接符合工艺的要求，筏门、水表等位置安装正确。

8）管道的接口、发兰、卡扣、卡箍等应安装在检查井或地沟内，不应埋在土壤中。给水管道的水压实验符合设计的要求。镀锌钢管及钢管作好防腐处理。给水管道在安装后必须对管道进行冲洗，饮用管道在冲洗后进行消毒，满足饮用水的卫生要求。

9）排水管道的坐标、标高和坡度必须符合设计要求，严禁无坡或倒坡。

10）井盖选用应正确，标志应明显，标高应符合设计要求。

11）管道开槽及回填、检查井砖砌筑、混凝土浇筑、化粪池开挖回填等施工参照本技术条款开挖回填施工相关章节技术要求执行。

1.13.4 质量检查验收

1）给排水管道功能性试验及验收严格按照《给水排水管道工程施工及验收规范》（GB 50268）及设计要求执行。给水、排水管道功能性试验包括压力管道的水压试验、无压管道的严密性试验和给水管道的冲洗和消毒等，包括（但不限于）：

（1）承压管道系统和设备及阀门水压试验。

（2）排水管道灌水、通球及通水试验。

（3）雨水管道灌水及通水试验。

（4）雨水管道灌水试验及冲洗、消毒检测。

（5）卫生器具通水试验，具有溢流功能的器具满水试验。

（6）地漏及地面清扫口排水试验。

2）给水排水管功能性试验方案必须经监理人批准后严格实施。试验过程必须由监理人全程旁站见证。

3）阀门质量检查及验收严格按照《阀门检验与安装规范》（SY/T 4102）及设计要求执行。

4）室内防水质量检查验收严格按照《住宅室内防水工程技术规范》（JGJ 298）及设计要求执行；屋顶防水施工严格按照《屋面工程质量验收规范》（GB 50207）和设计要求进行施工。

5）给水设备的安装：水泵、水箱的安装位置符合设计的规定。安装的允许偏差符合有关技术规范。

6）管道开槽及回填、检查井砖砌筑、混凝土浇筑，化粪池开挖回填等质量检查验收参照本技术条款开挖回填、混凝土浇筑施工等相关章节技术要求执行。

1.14　暖通工程

1.14.1　范围

暖通工程包括但不限于：站内所有建筑内的采暖、通风、空调设备及管道的安装等，涉及电气专用电源电缆敷设及安装在安装范围内。并应按施工图、本条款规定以及有关暖通设计规范，实施和完成本章所述各分项工程的设备、材料的定货、催货、开箱验收、保管仓储、安装、调试、清场等全部工作。

1.14.1　一般技术要求

1）采暖及制冷要求

（1）站内采用电暖气作为采暖热源。每个工作、生活房间内设置电采暖设备，根据不同房间、不同时段的温度要求，可设置不同的温度，满足供暖要求。

（2）升压站内办公室、会议室、食堂、宿舍等人员活动场所设置夏季用空调以满足人员舒适性要求；主控室、继电保护室内等有电气设备场所设置空调设备以满足环境对温度的要求。

（3）主控制室、继电保护室、SVG 室、会议室、餐厅等房间分别设置立柜式空调，单台制冷量为2.75kW；办公室、宿舍、档案室分别设置壁挂式空调，单台制冷量为1.3kW。

2）通风要求

通风满足设计及国家行业相关规范要求。

（1）站用电室、配电室一般采用自然进风、机械排风的方式。由设在外墙上的防火百叶风口自然进风，进风口设防尘过滤；通过设在外墙上的轴流风机将热空气排出室外，换气次数不小于 10 次/h 计算。

（2）SVG 室一般采用自然进风、机械排风的方式，由设在外墙上的防火风口自然进风，进风口设防尘过滤；通过设备配置的风机及风道将热空气排出室外，采用自动控制方式，保持室内温度不高于40℃。

（3）卫生间内设吊顶式排气扇，保证室内良好的空气卫生。

1.14.2　施工技术要求

（1）严格按照设计要求、厂家技术说明书及《通风与空调工程施工质量验收规范》（GB 50234）及《制冷设备、空气分离设备安装工程施工及验收规范》（GB 50274）进行施工。

（2）在同一房间内，同类型的采暖设备及管道配件，除去有特殊的要求外，应安装在同一个高度。

1.14.3 质量检查和验收

通风与暖通工程按照《通风与空调工程施工质量验收规范》（GB 50234）、《制冷设备、空气分离设备安装工程施工及验收规范》（GB 50274）及设计要求进行质量检查和验收。

1.15 消防工程

1.15.1 范围

消防工程包括但不限于：站内完整消防工程的施工实施，包括所有消防设备的购置、安装、调试等。消防系统完工后必须经当地消防部门组织验收合格。承包人负责完成本工程消防工程报验，并通过消防验收工作。

1.15.2 一般技术要求

（1）本工程依据国家有关消防条例、规范进行设计，本着"预防为主、防消结合"的消防工作方针，消防系统的设置以加强自身防范力量为主，立足于自救，同时与消防部门联防，做到"防患于未然"，从积极的方面预防火灾的发生及蔓延。变电站内电气设备较多，消防设计的重点是防止电气火灾。

（2）设计根据工程建筑布置特点和有关防火规程规定，在整个工程范围内设立完整的消防体系，能有效预防并及时扑灭场内以电气和油品为主的各种初期火灾，保障人员的安全疏散和安全生产。

（3）站内设水消防；全站设置火灾自动报警系统；综合楼、配电室、无功补偿室及附属房等建筑内设手提式磷酸铵盐干粉灭火器，用于扑灭可能的火灾。

1.15.3 施工技术要求

（1）消防工程施工应严格按照《建筑设计防火规范》（GB 50016）、《火灾自动报警系统施工及验收规范》（GB 50257）、《爆破和火灾危险环境电气装置施工及验收规范》（GB 50257）、《自动喷水灭火系统施工及验收规范》（GB 50261）、《气体灭火系统施工及验收规范》（GB 50263）、《泡沫灭火系统施工及验收规范》（GB 50281）、《建筑内部装修防火施工及验收规范》（GB 50354）、《建筑灭火器配置验收及检查规范》（GB 50444）等规范及设计要求进行施工。

（2）安装消防栓水龙带，水龙带与水枪和快速接头绑扎好后，应根据箱内构造将水龙带挂放在箱内的挂钩、托盘或支架上。安装偏差符合有关技术规范的规定。

（3）消防水泵接合器的安全阀及止回阀的安装位置和方向应正确，阀门的启闭灵活。

（4）消防系统水必须做水压实验，压力符合设计的要求。消防水泵结合器和消防栓的位置标志应明显，栓口的位置便宜操作。室外消水栓和消防水泵接合器的安装位置符合设计的要求。

1.15.4 质量检查和验收

消防工程质量检查及验收应符合《建筑设计防火规范》(GB 50016)、《火灾自动报警系统施工及验收规范》(GB 50257)、《爆破和火灾危险环境电气装置施工及验收规范》(GB 50257)、《自动喷水灭火系统施工及验收规范》(GB 50261)、《气体灭火系统施工及验收规范》(GB 50263)、《泡沫灭火系统施工及验收规范》(GB 50281)、《建筑内部装修防火施工及验收规范》(GB 50354)、《建筑灭火器配置验收及检查规范》(GB 50444)等规范及设计要求。同时应满足当地公安消防部门的验收要求。消防工程的测试及试验应包括(但不限于)下列内容:

(1)承压管道系统和设备及阀门水压试验。

(2)消火栓系统测试。

(3)安全阀及报警联动系统动作测试。

1.16 防洪工程（若有）

1.16.1 范围

本工程防洪设施主要包括接排水沟、集水池、水泵房及水泵等:

1.16.2 基本要求

本工程防洪等级为 <u>Ⅱ</u>;防洪标准为: <u>≥50 年一遇的高水（潮）位</u>,最高水位为<u> </u>。

1.16.3 施工及验收要求

接排水沟开挖、砌体工程、混凝土工程、水泵等设备安装等防洪设施应严格按照本技术规范书相应章节要求进行施工和验收。

2 钢结构安装工程

2.1 一般要求

(1)钢构件在运输或吊装前应采取适当措施以防止产生过大的扭转变形,防止损伤构件及表面油漆。在支点或悬吊部位,应采取防止局部变形的措施。

(2)对于多构件汇交的复杂节点、重要安装接头和工地拼装接头,应在工厂中进行预拼装。

(3)钢结构安装前,应根据工程的特点对安装的测量及校正编制相应的工艺,对钢板焊接、高强螺栓的安装、栓钉焊接等主要工艺应进行工艺试验,编制相应的施工工艺。

(4)钢结构制作、安装、验收及土建施工用的量具,应按同一标准进行鉴定,并应具有相同的精度。

(5)钢结构的安装应根据设计文件及施工图编制施工组织设计。安装程序必须保证结构的稳定性和不导致永久变形。

（6）结构安装前应对构件进行全面检查，如构件数量、长度、垂直度、平整度、孔的尺寸等是否符合设计要求和规范要求。

（7）钢结构施工时，应设置可靠的支护体系，保证结构在施工过程中的稳定性和安全性。

（8）钢结构吊装时，必须于构件间按要求完成焊接连接或螺栓连接，形成结构后方可松开吊绳。

（9）结构吊装就位后，应及时系牢支撑及系杆，在未能系牢前，应设置临时支撑或缆绳以保证结构的稳定性。

（10）不允许在施工现场临时加焊板件，不允许用气焊扩孔。

（11）在钢结构安装完成后，应检验所有支撑是否张紧，所有高强螺栓是否拧到设计预拉力。

（12）利用安装好的钢结构吊装其他构件和设备时，应事先征得设计单位的同意。

（13）钢结构构件安装完毕后，未经设计部门许可，不得再在其上进行任何焊接、开孔或切割。

（14）不同厚度板的对接应满足《钢结构设计规范》（GB 50017—2003）的相关规定。

（15）钢结构构件涂装前应进行抛丸除锈处理，局部修补时可采用手工机械除锈，除锈等级应分别达到《涂装前钢材表面锈蚀等级和除锈等级》（GB 8923—2011）中的Sa2.5级和St3级。处理后的钢材表面不应有焊渣、焊疤、灰尘、油污、水和毛刺等。

（16）施工验收标准按照《钢结构工程施工质量验收规范》（GB 50205—2001）的规定执行。

2.2 塔架吊装施工要求

2.2.1 范围

本次招标为__台套风机及塔筒安装招标，__台风力发电机组均为_____型机组，轮毂中心高度__m。

承包人应承担下列工程的全部设备到货卸车、验收、二次运输、保管、检查清洗、部分基础件和构件的制作、安装、调试、试运行、后期工程预留孔洞的封堵、消缺处理直至移交给发包人的全部工作。承担发包人认为有必要的设备出厂检查验收工作，绘制竣工图，编制竣工资料等。分项工程包括但不限于：

（1）__台明阳_____并网型风力发电机组安装工程；

（2）__座____高（共___）风机塔筒安装工程；

（3）__套风机塔基电源控制柜安装；

（4）__套风机塔筒内附属设备安装（包括照明、接地、电缆、光缆等）；

（5）配合__台风电机组调试工作；

（6）竣工资料和竣工图纸编制。

2.2.2 现场施工条件

拟建场址所处地貌为＿＿＿＿＿＿＿＿＿＿＿＿＿＿＿＿＿＿＿＿

＿＿＿＿＿＿＿＿＿＿＿＿＿＿＿＿＿＿＿＿＿＿＿＿＿＿＿＿＿＿

＿＿＿＿＿＿＿＿＿＿＿＿＿＿＿＿＿

施工水源：＿＿＿＿＿＿＿＿＿＿＿＿＿＿＿＿＿＿＿＿＿＿＿＿

施工电源：＿＿＿＿＿＿＿＿＿＿＿＿＿＿＿＿＿＿＿＿＿＿＿＿

施工通讯：＿＿＿＿＿＿＿＿＿＿＿＿＿＿＿＿＿＿＿＿＿＿＿＿

施工道路：＿＿＿＿＿＿＿＿＿＿＿＿＿＿＿＿＿＿＿＿＿＿＿＿

＿＿＿＿＿＿＿＿＿＿＿＿＿＿＿＿＿＿＿＿＿＿＿＿＿＿＿＿＿＿

＿＿＿＿＿＿＿＿＿＿＿＿＿＿＿＿＿＿＿＿＿＿＿＿＿＿＿＿＿＿

＿＿＿＿＿＿＿＿＿＿＿＿＿＿＿＿＿＿＿＿＿＿＿

现场具体施工安装条件由投标单位自行调查。

2.2.3 风力发电机组主要技术参数

本工程共安装__台并网型风力发电机组，其主要技术参数如表7-9。

表7-9 风力发电机组主要技术参数（根据实际情况填写）

序号	部件	单位	数值
1	机组数据		
1.1	制造厂家/型号		
1.2	额定功率	kW	
1.3	转轮直径	M	
1.4	切入风速	m/s	
1.5	额定风速	m/s	
1.6	切出风速（10min平均值）	m/s	
1.7	再切入风速	m/s	
1.8	极端（生存）风速（3s最大值）	m/s	
1.9	预期寿命	年	
1.10	设备可利用率	%	
2	叶片		
2.1	制造厂家/型号		
2.2	叶片材料		
2.3	叶尖线速度	m/s	

续表

序号	部件		单位	数值
3	齿轮箱			
3.1	制造厂家/型号			
3.2	齿轮级数			
3.3	齿轮传动比率			
3.4	额定转矩			
4	发电机			
4.1	制造厂家/型号			
4.2	额定功率			
4.3	额定电压			
4.4	功率因数	1/4 额定功率		
		1/2 额定功率		
		3/4 额定功率		
		额定功率		
4.5	绝缘等级			
5	补偿电容			
5.1	组数			
5.2	容量		kVar	
6	主轴			
6.1	制造厂家/型号			
7	主轴承			
7.1	制造厂家/型号			
8	制动系统			
8.1	主制动系统			
8.2	第二制动系统			
9	偏航系统			
9.1	型号/设计			
9.2	控制			
9.3	偏航控制速度		°/s	
9.4	风速仪型号			
9.5	风向仪型号			
10	防雷保护			
10.1	防雷设计标准			
10.2	机组接地电阻值		Ω	
11	重量			

序号	部件	单位	数值
11.1	机舱	Kg	
11.2	发电机	Kg	
11.3	齿轮箱	Kg	
11.4	叶片（一套）	Kg	
11.5	叶轮	Kg	

2.2.4　风机塔筒数据

本标段共安装＿＿＿＿＿＿＿＿＿＿＿＿型并网型风力发电机组，其塔筒数据如表7-10。（根据实际情况填写）

表 7-10　明阳 MY1.5-89/80（S）型风力发电机组塔筒参数

机组型号			
叶片			
叶轮（不含叶片）			
机舱			
80m 塔架	上段		
	中段		
	下段		
	其他附件		
	总重		

2.2.5　风力发电机组安装

（1）风力发电机组主要由机舱、塔筒、叶轮三部分组成。

（2）投标人应自行准备常用安装工具，如液压站、发电机等。

（3）投标人应自行准备安装所需的消耗品。

2.2.6　防雷与接地

（1）直击雷保护

叶片本身安装有防雷击系统；机舱内设有接地电缆，机舱顶部设有一只避雷针。这些装置与接地电缆直接连接，雷电通过塔筒传导到基础的接地系统中。

（2）内部雷电保护

所有的金属物体进行等电位接地相连。电气系统设有过电压保护装置。

（3）接地

风力发电机组及箱变共用的接地系统的施工包含在风力发电机组基础施工包里，

风力发电机组接地需从该接地系统引接，至少引接3处，均与塔筒基础法兰等电势接地体连接，同时将所有的金属部分（如塔基、加强件和金属接线盒等）和接地导休电气连通，要求接地电阻≤4Ω。

本工程接地主要工作范围包括：所有电气设备、设备支架、构架和辅助装置的工作接地、保护接地、金属结构物和金属管路的接地及连接引线。接地扁铁由基础施工单位预留，吊装单位只需将风机接地线与接地扁铁连接即可。

（4）主要安装设备规格及数量（根据实际情况填写）

表 7-11　主要设备表

序号	名称	型号	单位	数量	备注
1	风力发电机组				
2	风机塔筒（包括法兰）				
3	风机电源控制柜				
4	接地材料				

2.2.7　安装技术要求和规范

（1）一般要求

承包人应参加本合同的全部电气设备、器具、附件的验收工作。检查、验收应按所规定的技术要求进行。全部设备、器具及附件应于安装前在监理人参与下逐个进行试验、检验或整定，并应达到各自的订货合同规定的技术标准、规范及设计、制造厂商的要求。如发现设备缺陷后应及时向监理人报告，对存在缺陷的产品，承包人不得进行安装，因使用不合格产品而造成的损失由承包人承担责任。

由承包人采购的安装材料、零部件或自制的零部件、装配件应经过检验并有质量检验的合格证明。代用品应经工程监理人批准后方可使用。

承包人在安装设备的过程中，应能满足的安装设备对环境的要求，如温度、湿度、含尘量等，当达不到要求时，承包人必须采取必要措施，所需费用已包括在合同报价中。

（2）安全要求

风电机组的安装需要进行高空作业，所以安全问题必须要充分注意，机组的安装应遵守《风力发电场安全规程》等相关安全法律法规、规程规范及产品相关安装手册的要求进行，确保安装中人员及设备的安全。在进入风力发电机组工作前，必须在设备周围设置安全警告标志，在风电机组的工作过程中必须正确地使用工作设备和所有防护性设备，如果存在危险隐患时不允许进行操作。承包人在安装设备的过程中，应能满足的安装设备对环境的要求，如风速、温度、湿度、含尘量等，当达不到要求时，不允许进行操作。

风力发电机组安装的有关工作的人员必须符合《风力发电场安全规程》中风电场工作人员基本要求，并得到切实可行的保护。

在风力发电机组上工作时，操作人员周围必须具有救生、逃生设备，操作人员必须对这些设备及其使用说明非常熟悉。任何时候，紧急下降设备的使用说明书都必须与设备放在一起，且必须在不打开设备的情况下可以查看说明书。在机舱紧急出口框架上方有逃生支架，用于紧急下降设备的悬挂。

风力发电机组的安装要求详见风机生产厂商的安装手册、安全手册等相关资料，资料将在投标人中标后召开技术交底会时提供。

（3）检查、试验

承包人应向监理人提交检查、试验计划。经监理人核准后实施，试验计划应规定各项试验的顺序、准备工作和操作步骤以及试验过程的各项数据的设计值或其他判断标准。

①通用检查项目

设备本体安装位置正确、附件齐全、外表清洁、固定可靠、操作机构、闭锁装置动作灵活，位置指示正确、油漆完整、相色标志正确、接地可靠。

②电气试验

电气试验主要按《电气装置安装工程电气设备交接试验标准》（GB 50150）进行。同时满足相关元件设备各自的标准规定。

③验收

电气设备的验收按相关规范进行。

3 电气设备安装工程

3.1 电气一次设备安装

3.1.1 工程范围

投标人应承担下列工程的全部设备到货卸车、验收、二次运输、保管、基础件和构件的制作、安装、调试、实验、试运行、后期工程预留孔洞的封堵、消缺处理直至移交给发包人的全部工作。承担发包人认为有必要的设备出厂检查验收工作等。各部位分项工程包括：

（1）＊＊kV变压器及其附属设备安装工程；

（2）＊＊kV配电装置及出线设备安装工程；

（3）＊＊kV中压配电装置安装工程；

（4）升压站防雷接地系统工程；

（5）一次电缆敷设及电缆防火安装工程；

（6）照明系统工程；

（7）电气一次设备调试及启动试运行。

3.1.2 升压站防雷接地系统工程

本项工程包括升压站内全场设备接地施工。设备及材料实际用量以施工图为准。

3.1.3 一次电缆敷设及电缆防火安装工程

（1）基本要求

升压站内电缆敷设工程包括电缆沟等地的电缆敷设安装、电缆管埋设和预埋件等。电缆敷设以电缆沟内明敷为主，配合以电缆穿钢管暗敷和直埋敷设，电缆敷设长度以施工图为准。

电力电缆的采购、敷设及安装在本包工作范围内。目前所给电缆的数量为预估量，实际数量见电缆清册。电缆头必须由电缆头厂家安装，费用包括在投标报价内。

（2）电缆敷设设施

电缆敷设基本上采用电缆桥架、电缆沟、埋管等，电缆桥架型号见施工图，按图安装，桥架包括支架、托臂、连接件在内；电缆沟内采用角钢制作电缆支架；电缆埋管主要采用水煤气管、热镀锌钢管、PE 管、PVC 管。材料实际用量以施工图为准。

（3）电缆防火工程

包括电缆沟、电缆穿墙、盘柜孔洞的封堵，通风管道穿越防火墙的封堵和电缆防火涂料的施工等。具体作法见施工图。设备及材料实际用量以施工图为准。

3.1.4 电气设备安装技术要求

（1）一般技术要求

投标人应参加本合同的全部电气设备、器具、附件的验收工作。检查、验收应按所规定的技术要求进行。全部设备、器具及附件应于安装前在监理人参与下逐个进行试验、检验或整定，并应达到各自的订货合同规定的技术标准、规范及设计、制造厂商的要求。如发现设备缺陷后应及时向监理人报告，对存在缺陷的产品，投标人不得进行安装，因使用不合格产品而造成的损失由投标人承担责任。

由投标人采购的安装材料、零部件或自制的零部件、装配件应经过检验并有质量检验的合格证明。代用品应经监理人批准后方可使用。

投标人在安装设备的过程中，应能满足的安装设备对环境的要求，如温度、湿度、含尘量等，当达不到要求时，投标人必须采取必要措施，所需费用已包括在合同报价中。

承包人在执行本技术规范时，应按照或参照国家和部委颁发的下述标准、规程、规范进行安装、调整、试验、试运行和验收。

（2）检查验收项目

承包人应向发包人提交检查试验计划，经工程监理单位核准后实施，试验计划应规定各项试验的顺序，准备工作及操作步骤，试验过程中各项数据的设计值或其他判断标准。

1）通用检查项目

A. 设备本体安装位置正确、附件齐全、外表清洁、固定牢靠；

B. 操作机构、闭锁装置动作灵活，位置指示正确；

C. 油漆完整，相色标志正确，接地可靠。

2）电气试验检查项目

A. 主变压器按 GB 1094 要求进行；

B. 互感器按 GB 1207 和 GB 1208 要求进行；

C. 避雷器按 GB 11032 要求进行；

D. 高压套管按 GB/T 4109 要求进行；

E. 高压开关柜按 GB/T 11022，DL/T 404 和 DL/T 403 要求进行；

F. 高压交流断路器按 GB 1984 要求进行；

G. 高压交流隔离开关和接地开关按 GB 1985 要求进行。

3）验收

电气设备验收按以下应按照或参照国家和部颁发的下述标准、规程、规范进行执行。

3.2　电气二次设备安装

3.2.1　工作范围

安装承包人应承担下列各项工程中有关设备的到货验收、装卸、仓储、现场二次运输、保管、清扫、安装、调试、试验、启动试运行、消缺处理，直至移交给招标人单位的全部工作，并参加招标人单位要求的设备出厂验收，在目的港、工地的检查验收等，还应对少量的二次回路中的设备进行装配、配线、局部修改及油漆、承担部分电气二次设备安装所需材料及附件的采购等。

电气二次设备安装工程包括：

（1）计算机监控系统及同期设备（承包人负责安装及配线，以及站内通信线缆的敷设，并配合设备厂家调试）；

（2）保护系统设备（承包人负责安装及配线，并配合设备厂家调试）；

（3）公用设备控制系统（承包人负责安装及配线，并调试）；

（4）全厂计量系统（包括计量系统配线安装调试、电能量采集器、关口表远传通道开通及与主站联调）；

（5）直流蓄电池系统设备（承包人负责安装及配线，并配合设备厂家调试）；

（6）通讯系统设备；

（7）升压站内涉网设备；

（8）厂用电备用电源自动投入系统；

（9）除上述（1）～（6）项之外的所有控制、测量及自动装置；

（10）火灾报警系统；

（11）视频监控系统；

（12）控制电缆、动力电缆敷设。

承包人应作好详细的现场施工记录，包括设备厂家现场要求的接口修改记录，并负责敦促设备厂家作好现场修改记录。

3.2.2 电气二次设备安装技术要求

1）安装承包单位的要求

（1）所有各项工作均应符合本标书中规范的规定及施工图纸的要求，并应与制造厂提供的设备相协调。

（2）电气二次系统的设备由安装承包单位保管。安装承包单位应按施工图纸的要求及制造厂的说明书、试验纪录、合格证书及安装图纸等技术资料，负责对这些设备验收检查。

（3）安装承包单位对电气二次设备的保管，除应符合《电气装置安装工程施工及验收规范》（GBJ 232—90/92）及有关规定外，当产品有特殊要求时，尚应满足产品的要求。

（4）安装承包单位对计算机监控系统设备到货后的验收、保管等负全部责任。安装工作应在制造单位的安装指导人员的指导下进行，计算机监控系统的调试由制造单位承担，安装承包单位应积极配合制造单位技术人员进行工作。

（5）安装承包单位对电气二次设备到货后的保管、安装、调试及试运行应负全部责任，安装调试中需用的仪表、仪器、工具等由承包单位自行解决。

（6）安装承包单位的职责是指对工程范围所有设备及设备上的器具进行安装、电缆接线，完善全部配线，调试，实验，试运行及验收。

2）调试、试运行的技术要求

（1）工程范围内的各项工作还应符合国标《电气装置安装工程施工及验收规范》（GBJ 232—90/92）以及《电力建设施工及验收技术规范》（SD 5279—90）、《工业自动化仪表工程施工及验收规范》（GB 50093—2002）、《继电器及继电保护装置基本试验方法》（GB/T 7261—2000）、《电气装置安装工程盘、柜及二次回路接线施工及验收规范》（GB 50171—2012）等有关现行技术标准的规定。以上标准如有更新，以最新标准执行。同时满足当地电网验收要求。

（2）工程范围内的各项工作还应遵守制造厂的有关技术要求。

（3）电气二次回路用的控制电缆、信号电缆、计算机电缆、光纤电缆、电力电缆均应是完整的、中间无接头的整根电缆。

（4）安装承包单位应制定试验计划提交给监理工程师单位审核。试验计划中要列出试验项目，规定各试验项目的顺序及详细过程，列出每项试验的性能保证值、设计值、技术特性或其他判别标准。

（5）电气二次设备经过调试后，应随主设备及系统进行试运行。在试运行期间，其主设备所属的测量、控制、保护装置等均应投入运行。装置的投入，应按有关的启动验收规程的规定进行。

（6）电气二次设备安装工程竣工验收时应检查：

各项装置的安装及工程质量是否符合设计和本合同文件的有关规定。

调整、验收项目及其结果是否符合设计和本合同文件的有关规定。

竣工验收资料是否完整。

（7）竣工验收时，应提交的资料和文件按合同条款的有关规定执行，并提供最终的竣工图纸。

（8）承担监理工程师代表根据设备安装状况及有关技术规范认为有必要进行的其他项目的试验工作。

（9）安装单位在预埋电缆管时，应有有效措施，防护电缆管口以防堵塞。

3）电气二次设备安装工程验收

电气二次系统设备安装、调试完毕后，承包人应根据各电气二次系统设备验收的标准制定验收计划，提交监理人审核。审核通过后，监理人组织相关单位及相关技术人员，对各电气二次系统设备进行验收。

验收时至少应检查下列项目：

（1）各项设备的调试、安装及安装质量应符合本合同文件及国家现行有关标准规范的规定。

（2）屏柜的固定及接地应可靠，盘、柜漆层应完好、清洁整齐；盘、柜内所装电器元件应齐全完好，安装位置正确，固定牢固，绝缘符合要求；所有二次回路接线应准确无误，连接可靠，标志及标牌齐全清晰。

（3）屏、柜及电缆安装完后，相应电缆孔、洞应按消防要求封堵完毕。

（4）各设备的操作及联动试验、设备参数输入及整定等均应符合设计要求（其中继电保护整定值应符合电力系统提供的继电保护定值通知单的要求）。

（5）在验收时，应提交下列资料和文件：

A. 电气二次工程竣工图。

B. 变更设计的证明文件。

C. 制造厂提供的产品说明书、调试大纲、试验方法、试验记录、合格证件及安装图纸等技术文件。

D. 安装技术记录。

3.2.3 盘柜安装及基础制作

风电场配电盘基础制作，投标人负责基础制作安装、盘柜就位等工作。

1）安装依据

（1）设计单位施工图纸；

（2）厂家相关资料；

（3）《电气安装工程盘、柜及二次回路结线施工及验收规范》（GB 50171—2012）；

（4）《电力建设安全工作规程》（DL 5009.1—2014）。

以上标准若有新的标准则执行新标准，替代原有标准及其他相关标准。

2）安装技术要求

（1）用于制作基础的型钢应无锈蚀和弯曲，不平度每米不大于1mm，全长不大于5mm。

（2）由合格电焊工负责施焊，焊接质量符合规范要求。

（3）表面应处理干净，无尘土、焊渣等，油漆面不得出现滴流花脸。

（4）基础安装应牢固，不得出现颤动现象。

（5）基础中心线误差全长不超过5mm，水平度每米不大于1mm，全长不大于5mm，不直度每米不大于1mm，全长不大于5mm。

（6）基础接地接地点数每列不少于2点，扁钢搭接长度不小于2倍扁钢宽度，焊缝完整饱满，三面焊接。接地回路检查导通良好。

（7）合同承包人还应配合完成消防联动试验和调试。

3.2.4 二次电缆接线要求

1）电缆材料要求

本工程升压站二次电缆主要包括控制电缆及计算机电缆。二次电缆选用铜芯聚氯乙烯绝缘聚氯乙烯护套编织屏蔽阻燃型控制电缆，以及铜芯聚乙烯绝缘铜带总屏蔽聚氯乙烯护套阻燃型计算机电缆。（如需承包人采购，请设计院提供电缆参数）

2）施工依据

（1）设计施工图纸。

（2）厂家相关资料。

（3）《电气安装工程盘、柜及二次回路结线施工及验收规范》（GB 50171—2012）。

（4）《电气装置安装工程电缆线路施工及验收规范》（GB 50168—2006）。

（5）《电力建设安全工作规程》（DL 5009.1）。

以上标准若有新的标准则执行新标准，替代原有标准及其他相关标准。

3）安装技术要求

（1）电缆标志牌应清晰，内容齐全（包括电缆编号、电缆型号、起点、终点及长度）。

（2）二次接线的编号头使用号头机统一打印，长度一致，格式统一；编号头的孔径应与电缆芯线的线径一致；编号头应注明端子牌号及回路编号。

（3）接线端子压紧正确，接线完毕后电缆标示牌悬挂正确。

（4）电缆进盘按顺序排列，电缆弯曲弧度一致，不得有交叉、扭曲现象。绑扎间距一致并均匀，固定牢固。电缆排列美观。

（5）电缆开剥位置高度一致，不得伤触芯线绝缘，电缆头包扎长度一致。

（6）按照设计图纸对照号头进行分线，分线位置应准确无误。

（7）备用芯长度应保证能接至本侧最远一个端子。

（8）紧固件应配置完好、齐全，电气回路连接（压紧、插紧）紧固可靠。

（9）导线裸露部分对地距离及表面漏电距离满足规范要求。

（10）对屏蔽电缆及其他有接地要求的电缆应将屏蔽层可靠接地。

（11）接线完成后，应再次核对接线图端子接线数量、位置。确认接线牢固可靠，绝缘良好。

（12）计量电缆从 PT/CT 至计量柜线径不小于 $4mm^2$。

（13）继电器室、通信间等二次盘柜室及室外电缆沟（电缆隧道）采用截面积不小于 $100mm^2$ 的铜排制作专用的等电位接地网。

（14）综合楼楼层之间二次电缆通过电缆槽盒连接。

3.2.5　蓄电池安装

1）施工依据

（1）设计施工图纸。

（2）厂家相关资料。

（3）《电气安装工程盘、柜及二次回路结线施工及验收规范》（GB 50171—2012）。

（4）《电气装置安装工程蓄电池施工及验收规范》（GB 50172—2012）。

（5）《电力建设安全工作规程》（DL 5009.1—2014）。

以上标准若有新的标准则执行新标准，替代原有标准及其他相关标准。

2）安装技术要求

（1）蓄电池台架安装水平误差不大于 5mm，垂直误差不大于 2mm。

（2）台架应可靠接地。

（3）测量蓄电池极性应正确，蓄电池本体电压不低于设计值。

（4）电池排列整齐平稳，受力均匀，间距符合图纸规定。

（5）间距误差不大于 2mm，侧面不直度每米不大于 1mm，全长不大于 3mm。

（6）蓄电池组总电压与单体电压之和相差应小于 1～2V，否则应检查极性。

（7）标志齐全、正确。

3.2.6　升压变电站二次等电位接地网

1）基本要求

二次等电位接地网通过裸铜排、绝缘电缆等构成，对主要二次设备构成一个统一的等电位接地网，通过一点与一次主接地网连接。

根据升压变电站二次设备布置的区域分别构成区域性二次等电位接地体，各区域二次等电位接地体相互连通构成二次等电位接地环网，二次等电位接地网应在二次盘室一点接入一次等电位接地网。区域性二次等电位接地体可以不同，但至少下列区域设备宜构成区域性二次等电位接地体：

（1）二次盘室；

（2）中控室及计算机室。

对于分散布置的控制箱及汇控柜宜就近通过箱内统一的接地铜排与区域二次等电位接地体连接，对于就近没有区域二次等电位接地体的控制箱及汇控柜可通过箱内统一的接地铜排与一次主接地网相连。

2）二次等电位接地网主要设备选型

（1）各区域等电位接地体选用截面不小于 100mm² 的裸铜排；

（2）区域二次等电位接地体之间的连接选用绝缘软铜缆，规格以设计图纸为准；

（3）各屏柜及端子箱（控制箱）接地铜排与区域等电位接地体之间连接选用绝缘软铜缆，规格以设计图纸为准；

（4）支撑铜排用的绝缘子采用低压支柱式复合绝缘子，绝缘子以螺栓（或膨胀螺栓）固定，铜排以螺栓固定在绝缘子上。

3）绝缘子支撑裸铜排的固定方式

（1）架空地板区域，绝缘子固定在架空地板的支架上或混凝土地面，间隔推荐为1m，可根据架空地板支架间隔调整；

（2）电缆沟内绝缘子以膨胀螺栓固定在电缆沟的沟底，间隔为 1m。

3.2.7　试验仪器

除制造商提供的专用工具和试验仪器供承包人安装、调试时借用外，其余所需工具、仪器等由承包人自行解决，并列入报价。

3.2.8　检查验收项目

所有电气二次工程项目试运行和投产前，承包人必须按照有关规程和设备订货合同，产品技术说明书的规定，进行下列分项和联合静态、动态调整试验、分系统调试、站系统调试及性能试验：

1）计算机监控系统分项、整组调整、试验；

2）主变压器、厂用电系统、断路器等继电保护调整、试验；

3）主变压器、厂用电系统、断路器等操作、控制系统调整、试验；

4）全厂测量、计量系统调整试验；

5）公用设备控制系统调整试验；

6）机组及全厂同期系统调整试验；

7）直流系统调整试验；

8）厂用备用电源自动投入系统调整试验；

9）风力发电机组、箱变风电场、送出线路、集电线路等继电保护调整、试验（配合）；

10）风力发电机组、箱变风电场、送出线路、集电线路等操作、控制系统调整、试验（配合）；

11）规程规范虽无规定，但设备合同和制造厂技术说明书规定需做的其他试验。

3.3　通信系统设备安装

3.3.1　通信设备的安装

1）程控交换设备

程控交换设备的安装应符合《程控电话交换设备安装工程验收规范》（YD 5077—98）及《电气装置安装工程盘、柜及二次回路结线施工及验收规范》（GB 50171—2012）及本招标文件的的要求。

程控交换设备的安装、接线及接地应满足随机安装说明书的要求。

按照设计文件认真核对所在通信站点的盘柜、模块数量、规格及辅材。

不允许线缆芯线有断头、破损、刮伤。

（1）机架安装要求：

交换设备机架安装应符合设备安装工程设计平面布置图的要求，采用吊锤测量，机架安装垂直度偏差应不大于3mm。机架主走道侧必须对齐成直线，误差不得大于5mm。相邻机架应紧密靠拢，整列机架应在同一平面上，无凸凹现象。

各种螺栓必须拧紧，同类螺丝露出螺帽长度应一致。

交换设备机架及配线架的各种零件不得脱落或碰坏，漆面如有脱落应予以补漆。各种文字和符号应正确、清晰、齐全。

设备机架及配线架必须按施工图的抗震要求进行加固。

交换设备机架及配线架告警显示单元安装位置端正合理，告警表示清楚。

配线架各直列上下端垂直误差不大于 3mm，底座水平误差不大于 2mm。

调度台安装因整齐，边缘应成一直线，相邻机台因紧密可靠，台面相互保持水平，衔接处无明显高低不平现象。

（2）线缆安装要求：

布放线缆的规格、路由、截面和位置应符合施工图的规定；线缆在工程中的编号标识必须准确、清楚、牢固，并经专门处理以抗多年环境风化、腐蚀；线缆排列必须整齐，外皮无损伤。

交、直流电源的馈电线缆，必须分开布放；电源线缆、信号线缆、用户电缆与中继电缆应分离布放。

线缆转弯应均匀圆滑，线缆弯曲半径应大于线缆外径的 20 倍。

活动地板下布放线缆应顺直不凌乱，尽量避免交叉，并且不得堵住送风通道。

机架间线缆的插接、走向及路由应符合厂家有关规定；机架间布线必须有明显标志，没有错接、漏接现象。

机房直流电源线的安装路由、路数及布放位置应符合厂家施工图的规定；电源线的规格、熔丝的容量均应符合要求。

电源线必须采用整段线料，中间无接头。

交流系统用的交流电源线必须有接地保护线。

直流电源线的成端接续连接牢固，接触良好，电压降指标及对地电位应符合设计要求。

铜条馈电线在正线上涂有红色油漆标志，其他不同电压的电源线用不同颜色标志区分。涂漆应光滑均匀，无漏涂和漏痕。

采用胶皮绝缘线作直流馈电线时，每对馈电线应平行，正负两端应有同一红蓝标志。安装好的电源线末端必须有胶带等绝缘物作封头，电缆剖头处必须用胶带和护套封扎。

2）通信电源

高频开关通信电源的安装应符合《电气装置安装工程盘、柜及二次回路结线施工及验收规范》（GB 50171—2012）及本招标文件的的要求。

（1）线缆安装要求：

交流线缆应与直流线分开布放。负载电缆、信号线尽可能分配布放，以免相互影响。

当电源线采用螺丝顶压时，电源线的剖头长度应等于其插入接线端子腔的深度，顶压接触部分应用细砂布去掉氧化物，顶压牢固、用力适度，以拔不出为宜。

当电源线采用线鼻子连接时，电源线的剖头长度应等于其插入鼻子腔内长度，插入部分的芯线及鼻子腔内壁应用砂布打磨干净后进行焊接或压接，连接必须牢固、端正，焊接时腔内焊锡应饱满。在接线端子上安装时，位置应正确、牢固、端正、螺帽垫片齐全，紧固时用力适度。

交流电缆线两端应安装上裸压端子。

连接至机柜的直流电缆应加铜鼻子，并用绝缘胶布将铜鼻子缠好，等到直流配电初调时，将电缆连接到电池上。

负载电缆正负极应有明显的颜色区分，一般正极为黑色，负极为蓝色。若电缆只有一种颜色，应有线号明显标记。

连线前，必须拔下直流输出支路熔断器，或将空气开关打到开位置。

设备机架中不装模块的空位置应加装盖板。

线缆在机架内排放的位置不得妨碍或影响日常维护、测试工作的进行。

（2）免维护蓄电池安装要求：

蓄电池的安装应符合《电气装置安装工程蓄电池施工及验收规范》（GB 50172—2012）及本招标文件的的要求。

蓄电池的安装、接线及接地应满足设计图纸及随机安装说明书的要求。

安装前应对免维护蓄电池组按下列要求进行外观检查：蓄电池外壳清洁并无膨胀现象；蓄电池槽应无裂纹、损伤，槽盖应密封良好；蓄电池的正、负极极性正确，并应无变形；连接条、螺栓及螺母应齐全。

电池之间，电池组件之间及电池组与机柜之间的连接应正确、合理方便，电压降尽量小，不同性能及不同容量的蓄电池不能互连使用。

电极的引出线应用塑料色带标明正、负极的极性，正极为赭色，负极为兰色。

蓄电池安装平稳、间距均匀，同一排、列的蓄电池槽应高低一致，排列整齐，并牢固可靠。

布放电池电缆时，应对电池组Ⅰ、Ⅱ的电缆分别作好线号和正负极标记。

充放电要求：蓄电池的初充电及首次放电应按产品技术条件的规定进行，不得过充过放；在整个充放电期间，应按规定时间记录蓄电池的端电压放电电流及当时的环境温度，并绘制整组充放电特性曲线；蓄电池充好电后，在移交运行前，应按产品的技术要求使用与维护。

清除蓄电池槽表面污垢时，对用合成树脂制作的槽，应当用脂肪烃、酒精擦拭，不得用芳香烃、煤油、汽油等有机溶剂擦洗。

3.3.2　检查验收项目

通信设备安装调试工作结束，所有测试项目完成，方可进行安装调试检查验收，安装调试验收技术文件应具有设备开箱记录、产品使用说明书、已安装设备明细表、通电试验记录、测试记录等；施工现场应清理，打扫完毕，并对过墙或楼板的线缆孔洞应用防火材料封堵情况，连接、防雷、接地情况；馈线的走向、加固、弯曲扭转及接地情况，机架及油漆的完整性，水平垂直度、抗震加固情况，电缆桥架的安装位置及高度、平直整齐程度和线缆的固定捆扎和线缆头的处理，设备铭牌及标示应齐全，设备固定牢靠，接线正确，接地良好等进行说明。通讯设备安装及调试应满足电网验收要求。

（1）程控交换设备

各种外围终端应设备齐全，自测正常。设备内风扇装置应运转良好。

检查交换机、配线架等各级可闻、可见告警信号装置应工作正常、告警准确。

交换系统初始化；系统自动/人工再装入；系统自动/人工再起动。

系统交换功能检查测试项目：本局内及出入局呼叫；计费功能；非话业务；特种业务呼叫；新业务功能；专网特种功能；会议电话；数字录音与查询存储。

系统维护管理功能检查测试项目：软件版本检查；人机命令核实；告警系统测试；例行测试；中继线和用户线的人工测试；用户数据、局数据生成规范化检查和管理；故障诊断；冗余设备的自动倒换；输入、输出设备性能测试。

环境条件验收测试：测试方法及要求应满足《程控电话交换设备安装工程验收规范》（YD 5077—98）的相关要求。

调度台性能测试：按照调度台类型分类，结合厂家提供使用说明及性能指标分类进行测试，测试按键灵敏度、按键指示、手柄切换、接通率、人机界面、系统启动时间、联合组网调度及调度台系统主要功能等。

数字录音系统测试：按照系统使用说明及性能指标进行测试，主要测试系统硬件配置、录音控制方式、录音查询方式、数字录音存储、存储介质类型及容量、数据备份等。

（2）架空地线与无线传输

检查相位安装、接线正确，设备部件应插位无误，安装牢固端正，发现有损坏时，必须进行修理或更换；检查设备的接线连接正确，电接触可靠；检查防静电措施有效；检查设备电源电压符合设备技术要求、极性正确，进行设备通电试验，并对试验做好记录。通道测试应监测通道回波损耗、线路损耗等。

设备性能测试应满足国标和设备技术保证值的要求。

（3）通信电源

检查高频开关通信电源开关灵活程度；各类仪表的在线显示；自动切换性能；告警性能；绝缘性能；各类指标测试。系统浮充性能调试；并机工作性能检测；负载特性测试；交流输入回路的自动倒换功能调试；直流/交流输出回路电流整定值的调试；

系统保护性能调试。

蓄电池组充放电试验；检查电池容量；连接件固定牢固程度。

3.3.3　资料和文件的提交

通信设备的出厂合格证；有关技术文件和说明书；安装质量的检查报告；单项调试和系统调试记录；重大安装缺陷记录；设计变更的证明文件；其他有关的文件和资料。

4　输电线路工程

4.1　工程范围

承包人应承担所有设备、电缆套管等的预埋件；部分设备、材料的采购、运输、到货卸车、验收、现场二次运输、保管、清扫，所有设备、材料的安装、调试、试验、试运行、消缺处理，直至竣工移交给发包人的全部工作；发包人采购设备及材料的到货卸车、验收、现场二次运输、保管、清扫，所有设备、材料的安装、调试、试验、试运行、消缺处理，直至竣工移交给发包人的全部工作；并参加发包人要求的设备出厂验收等工作。

（1）＊＊kV 风机配套箱变及其附属设备安装；

（2）箱变测控装置及其附属设备安装；

（3）风电场工程中＊＊KV 集电线路工程及线路参数测试；

（4）箱式变压器至升压站＊＊KV 配电室的集电线路电力电缆敷设，架空线路施工，电缆终端接头制作安装（含相关附属工程），电缆常规试验；

（5）通讯工程，＊＊KV 集电线路光缆安装及调试（含所有光纤熔接风电机塔筒至＊＊KV 箱变光缆安装；＊＊KV 集电线路至升压站通信室光缆安装）；

（6）防雷及接地工程，箱式变压器试验及接地测试；

（7）上述各项工程中的各种预埋件及管道等（包括电缆管）；

（8）临时工程；

（9）其他。

4.2　设备和材料技术参数

箱变和电缆技术参数（设计院提供）。

4.3　工程设备的交货验收

（1）箱变和电缆设备应由发包人、承包人、供应商代表和监理人共同在工地卸货点或安装点进行交货验收。承包人将对发包人提供的设备在装卸货、安装中造成的损失和损坏承担全部责任。

（2）从工程设备的开箱验收完毕起，承包人必须对其维护和保管承担一切责任。

4.4 安装调试技术要求

4.4.1 一般要求

（1）承包人应按照规定的程序、施工详图、各分项工程的技术要求及有关技术条件进行施工，安装工艺及质量应符合规范的要求：

（2）承包人应承担本工程中的全部电气设备、器具、附件的验收工作。检查、验收应按所规定的技术要求进行。检验记录及出厂合格证书在工程移交时按竣工资料移交发包人。全部设备、器具及附件应于安装前在监理人参与下逐个进行试验、检验或整定，并应达到各自订货合同规定的技术规范、标准及制造厂的要求。如发现设备缺陷，应及时向监理人代表报告，对存在缺陷的产品，承包人不得进行安装，因使用不合格产品而造成的损失由承包单位负责。

（3）承包人在安装中用于检查、校验、试验的电气设备及电气仪表由承包人自备，而且必须经过法定计量单位的标定并在有效期内。所有仪表的精度等级应高于被测对象的精度等级。除制造商提供的专用工具和设备可供承包人安装、试验时借用外，其余安装工具等均由承包人自行解决，发包人不另行支付。

（4）承包人应使用由监理人提供的施工详图及有关技术文件所规定的装置性材料。承包人采购的安装材料、零部件或自制的零部件、装配件应经过检验并有质量检验的合格证明。代用品要经过监理人书面批准，重要部件的代用材料要进行材质和性能试验，以满足设计的要求。

（5）全部隐蔽工程在混凝土浇筑前应按监理人提供的图纸认真检查，并报监理人检验；同样对于其它承包人负责的埋管埋件在安装前也必须检查，发现错误、遗漏和损坏，承包人应及时向监理人提出，并协助提出处理意见。

（6）承包人应采取措施保证安装现场的清洁，使各种设备在规定的温度、湿度和含尘量条件下进行安装。

4.4.2 场内直埋电缆、光缆敷设要求

1）电缆、光缆线路安装前应具备下列条件：

（1）预埋件符合设计要求，安装牢固；

（2）电缆沟、孔等处的土建工作全部完成；

（3）电缆沟中的土建施工临时设备建筑废料全部清除，道路畅通；

（4）电缆沟道中的排水畅通；

（5）清理全部预埋的电缆管道；

（6）电缆敷设之前应将有关路径的电缆桥架安装完毕；

（7）电缆桥架及其支吊架应可靠接地。

2）电缆安装和敷设

电缆敷设与安装应符合 GB 50168 的有关要求。

电缆及其附件的运输，储存和敷设安装应符合厂家的相关要求，当与上述规范不一致时，执行较高标准。

3）光缆敷设

光缆随电缆沟敷设，敷设应符合设计图纸要求。

光缆的敷设，熔接应符合 GB 50217、YD 5102、YD 5121、DLT 5344 相关要求，当有关标准不一致时，以 DLT 5344 为准。

光缆地埋需穿管时，管道工程应符合 YD 5043 要求。

光缆及其附件的运输，储存和敷设安装应符合厂家的相关要求，当与上述规范不一致时，执行较高标准。

4.4.3 架空线路施工技术要求

架空线路施工按照 GB 50233 及 GB 50173 等规范的相关要求执行。

4.5 箱变安装技术要求

投标人负责将由招标人供货的箱式变压器吊装至箱变基础之上，同时需做好箱式变压器与箱变基础槽钢的焊接。

投标人须将风机基础至箱变基础的接地扁钢连接在一起。

4.6 检查和验收

承包人应向招标人提交检查试验计划，经监理人核准后实施，试验计划应规定各项试验的顺序，准备工作及操作步骤，试验过程中各项数据的设计值或其他判断标准。

4.6.1 通用检查项目

（1）设备本体安装位置正确、附件齐全、外表清洁、固定牢靠；

（2）操作机构、闭锁装置动作灵活，位置指示正确；

（3）油漆完整，相色标志正确，接地可靠。

4.6.2 电气试验检查项目

本条所列试验项目应按 GB 50150 中相应规定进行，主要的试验项目如下：

1）箱式变压器检查试验项目

（1）测量绕组连同套管的直流电阻；

（2）检查所有分接头的变压比；

（3）检查变压器的三相接线组别；

（4）测量绕组连同套管的绝缘电阻、吸收比；

（5）测量绕组连同套管的介质损耗角正切值 $tg\delta$；

（6）测量绕组连同套管的直流泄漏电流；

（7）绕组连同套管的交流耐压试验；

（8）绕组连同套管的局部放电试验；

（9）测量与铁芯绝缘的各紧固件及铁芯接地线引出套管对外壳的绝缘电阻；

（10）绝缘油试验；

（11）有载调压切换装置的检查和试验；

（12）额定电压下的冲击和试验；

（13）检查相位；

（14）测量噪音；

（15）冷却装置的检查和试验。

2）电力电缆试验项目

（1）测量绝缘电阻；

（2）直流耐压试验及泄漏电流测量；

（3）检查电缆线路的相位；

（4）制作厂提出的现场交接试验项目（如高压电缆对地耐压试验，外护套试验）。

3）光缆试验项目

光缆线路工程竣工后应按照 GB 50217、YD 5102、YD 5121、DLT 5344 提供竣工文件并进行现场试验，当相关条文不一致时，以 DLT 5344 为准。

4.6.3 验收

（1）电力电缆工程验收

电力电缆工程按照《电气装置安装工程电缆线路施工》（GB 50168）及设计和电网要求进行验收。

（2）架空线路验收

架空线路验收按照 GB 50233 及 GB 50173 的相关要求执行。

（3）光缆工程验收

光缆线路工程竣工后应按照 GB 50217、YD 5102、YD 5121、DLT 5344 提供竣工文件并进行现场验收，当相关条文不一致时，以 DLT 5344 为准。

第八章　投标文件格式

_____（项目名称及标段）招标

投标文件

投标人：_____（盖单位章）

法定代表人或其委托代理人：_____（签字）

年____月____日

目　录

一、投标函及投标函附录

（一）投标函

致：_____（招标人名称）

在考察现场并充分研究（项目名称及标段）（以下简称"本工程"）施工招标文件的全部内容后，我方兹以：

人民币（大写）_____（￥_____）。

其中：不含税价格：人民币（大写）_____（￥_____）；增值税：人民币（大写）_____（￥_____）；税率：____％的投标价格和按合同约定有权得到的其他金额，并严格按照合同约定，施工、竣工和交付本工程并维修其中的任何缺陷。

在我方的上述投标报价中，包括：

安全文明施工费：人民币（大写）_____（￥_____）；

暂列金额（不包括计日工部分）：人民币（大写）_____（￥_____）；

专业工程暂估价：人民币（大写）_____（￥_____）。

如果我方中标，我方保证在年月日或按照合同约定的开工日期开始本工程的施工，____天（日历日）内竣工，并确保工程质量达到标准。我方已经知晓中国长江三峡集团有限公司有关投标和合同履行的管理制度，并承诺将严格遵守。我方同意本投标函在招标文件规定的提交投标文件截止时间后，在招标文件规定的投标有效期期满前对我方具有约束力，且随时准备接受你方发出的中标通知书。

随本投标函递交的投标函附录是本投标函的组成部分，对我方构成约束力。

随同本投标函递交投标保证金一份，金额为人民币（大写）_____（￥_____）。

在签署协议书之前，你方的中标通知书连同本投标函，包括投标函附录，对双方具有约束力。

投 标 人：_____（盖单位章）

法定代表人或其委托代理人：_____（签字）

地址：_____邮编：_____

电话：_____传真：_____

电子邮箱：_____

网址：_____

_____年_____月_____日

（二）投标函附录

序 号	条款内容	合同条款号	约定内容	备注
1	项目经理	1.1.2.4	姓名：＿＿＿＿＿＿	
2	工期	1.1.4.3	日历天	
3	缺陷责任期	1.1.4.5		
4	承包人履约担保金额	4.2	签约合同价的＿＿＿％	
5	分包	4.3.4	见分包项目情况表	
6	逾期竣工违约金	11.5	元/天	
7	逾期竣工违约金最高限额	11.5		
8	质量标准	13.1		
9	价格调整的差额计算	16.1.1	见价格指数权重表	
10	预付款额度	17.2.1		
11	预付款保函金额	17.2.2		
12	质量保证金扣留百分比	17.4.1		
	质量保证金额度	17.4.1		
……	……			

备注：投标人在响应招标文件中规定的实质性要求和条件的基础上，可做出其他有利于招标人的承诺。此类承诺可在本表中予以补充填写。

投标人：＿＿＿＿＿＿＿＿＿＿＿＿＿＿＿（盖单位章）

法定代表人或其委托代理人：＿＿＿＿＿＿＿（签字）

年＿＿＿月＿＿＿日

价格指数权重表

名 称		基本价格指数		权重			价格指数来源
		代号	指数值	代号	允许范围	投标人建议值	
定值部分				A			
变值部分	人工费	F_{01}		B_1	至＿＿＿		
	钢材	F_{02}		B_2	至＿＿＿		
	水泥	F_{03}		B_3	至＿＿＿		
	……	……		……	……		
合计						1.00	

二、授权委托书、法定代表人身份证明

授权委托书

本人_____（姓名）系_____（投标人名称）的法定代表人，现委托_____（姓名）为我方代理人。代理人根据授权，以我方名义签署、澄清、说明、补正、递交、撤回、修改_____（项目名称及标段）施工投标文件、签订合同和处理有关事宜，其法律后果由我方承担。

代理人无转委托权。

附：法定代表人身份证明

投标人：_____（盖单位章）

法定代表人：_____（签字）

身份证号码：_____

委托代理人：_____（签字）

身份证号码：_____

_____年_____月_____日

注：若法定代表人不委托代理人，则只需出具法定代表人身份证明。

附：法定代表人身份证明

投标人名称：_____

单位性质：_____

地址：_____

成立时间：_____年_____月_____日

经营期限：_____

姓名：_____ 性别：_____ 年龄：_____ 职务：_____

系_____（投标人名称）的法定代表人。

特此证明。

附：法定代表人身份证件扫描件

  法定代表人身份证件扫描件粘贴处

投标人：_____（盖单位章）

年_____月____日

三、联合体协议书

牵头人名称：＿＿＿＿＿＿＿＿＿＿＿＿＿＿＿＿＿＿＿＿＿＿

法定代表人：＿＿＿＿＿＿＿＿＿＿＿＿＿＿＿＿＿＿＿＿＿＿

法定住所：＿＿＿＿＿＿＿＿＿＿＿＿＿＿＿＿＿＿＿＿＿＿＿

成员二名称：＿＿＿＿＿＿＿＿＿＿＿＿＿＿＿＿＿＿＿＿＿＿

法定代表人：＿＿＿＿＿＿＿＿＿＿＿＿＿＿＿＿＿＿＿＿＿＿

法定住所：＿＿＿＿＿＿＿＿＿＿＿＿＿＿＿＿＿＿＿＿＿＿＿

······

鉴于上述各成员单位经过友好协商，自愿组成＿＿＿＿（联合体名称）联合体，共同参加（招标人名称）（以下简称招标人）＿＿＿＿＿（项目名称及标段）（以下简称本工程）的施工投标并争取赢得本工程施工承包合同（以下简称合同）。现就联合体投标事宜订立如下协议：

1. ＿＿＿＿＿＿（某成员单位名称）为＿＿＿＿＿＿＿（联合体名称）牵头人。

2. 在本工程投标阶段，联合体牵头人合法代表联合体各成员负责本工程投标文件编制活动，代表联合体提交和接收相关的资料、信息及指示，并处理与投标和中标有关的一切事务；联合体中标后，联合体牵头人负责合同订立和合同实施阶段的主办、组织和协调工作。

3. 联合体将严格按照招标文件的各项要求，递交投标文件，履行投标义务和中标后的合同，共同承担合同规定的一切义务和责任，联合体各成员单位按照内部职责的部分，承担各自所负的责任和风险，并向招标人承担连带责任。

4. 联合体各成员单位内部的职责分工如下：＿＿＿＿＿＿＿＿＿＿＿＿＿＿。按照本条上述分工，联合体成员单位各自所承担的合同工作量比例如下：＿＿＿＿＿＿＿。

5. 投标工作和联合体在中标后工程实施过程中的有关费用按各自承担的工作量分摊。

6. 联合体中标后，本联合体协议是合同的附件，对联合体各成员单位有合同约束力。

7. 本协议书自签署之日起生效，联合体未中标或者中标时合同履行完毕后自动失效。

8. 本协议书一式＿＿＿＿＿＿份，联合体成员和招标人各执一份。

牵头人名称：＿＿＿＿＿＿＿＿＿＿＿＿（盖单位章）

法定代表人或其委托代理人：＿＿＿＿＿＿（签字）

成员一名称：＿＿＿＿＿＿＿＿＿＿＿（盖单位章）

法定代表人或其委托代理人：＿＿＿＿＿＿（签字）

成员二名称：＿＿＿＿＿＿＿＿＿＿＿（盖单位章）

法定代表人或其委托代理人：＿＿＿＿＿＿（签字）

年＿＿月＿＿日

四、投标保证金

（一）采用在线支付（企业银行对公支付）或线下支付（银行汇款）方式

采用在线支付（企业银行对公支付）或线下支付（银行汇款）方式时，提供以下文件：

致：招标人

鉴于(投标人名称)已递交(项目名称及标段)招标的投标文件，根据招标文件规定，本投标人向贵公司提交人民币＿＿万元整的投标保证金，作为参与该项目招标活动，履行招标文件中规定义务的担保。

若本投标人有下列行为，同意贵公司不予退还投标保证金：

（1）投标人在规定的投标有效期内撤销或修改其投标文件；

（2）中标人在收到中标通知书后，无正当理由拒签合同协议书或未按招标文件规定提交履约担保。

附：投标保证金退还信息及中标服务费用交纳承诺书（格式）

投标保证金银行电汇或转账凭证扫描件粘贴处

投标人：(加盖投标人单位章)

法定代表人或其委托代理人：(签字)

日期：　　年　　月　　日

（二）采用银行保函方式

采用银行保函方式时，提供以下文件：

投标保函（格式）

受益人：三峡国际招标有限责任公司

鉴于＿＿（投标人名称）（以下称投标人）于＿＿年＿＿月＿＿日参加＿＿（项目名称及标段）的投标，（　　　银行名称　　　）（以下称"本行"）无条件地、不可撤销地具结保证本行或其继承人和其受让人，一旦收到贵方提出的下述任何一种事实的书面通知，立即无追索地向贵方支付总金额为＿＿＿＿＿＿的保证金。

（1）在开标之日到投标有效期满前，投标人撤销或修改其投标文件；

（2）在收到中标通知书30日内，投标人无正当理由拒绝与招标人签订合同；

（3）在收到中标通知书 30 日内，投标人未按招标文件规定提交履约担保；

（4）投标人未按招标文件规定向贵方支付中标服务费。

本行在接到受益人的第一次书面要求就支付上述数额之内的任何金额，并不需要受益人申述和证实他的要求。

本保函自开标之日起（投标文件有效期日数）日历日内有效，并在贵方和投标人同意延长的有效期内（此延期仅需通知而无需本行确认）保持有效，但任何索款要求应在上述日期内送到本行。贵方有权提前终止或解除本保函。

银行名称：（盖单位章）

许可证号：

地　　址：

负 责 人：（签字）

日　　期：　　年　　月　　日

注：投标人可参考本格式或使用出具银行的格式提交投标保函。如使用出具银行的格式，对于本格式中所规定的保额、责任条件、有效期等规定不能变更。

附件：投标保证金退还信息及中标服务费交纳承诺书

三峡国际招标有限责任公司：

我单位已按招标文件要求，向贵司递交了投标保证金。信息如下：

序号	名称	内容
1	招标项目名称及标段	
2	招标编号	
3	投标保证金金额	合计：¥_____元，大写_____
4	投标保证金缴纳方式 （请在相应的"□"内划"√"）	□4.1 在线支付（企业银行对公支付） 汇款人： 汇款银行：_____ 银行账号：_____ 汇款行所在省市： □4.2 线下支付（银行汇款） 汇款人： 汇款银行：_____ 银行账号：_____ 汇款行所在省市： □4.3 银行投标保函 投标保函开具行：
5	中标服务费发票开具 （请在相应的"□"内划"√"）	□5.1 增值税普通发票 □5.2 增值税专用发票（请提供以下完整开票信息）： ● 名称： ● 纳税人识别税号（或三证合一号码）： ● 地址、电话： ● 开户行及账号：

我单位确认并承诺：

1. 若中标，将按本招标文件投标须知的规定向贵司支付中标服务费用，拟支付贵司的中标服务费已包含在我单位报价中，未在投标报价表中单独出项。

2. 如通过方式 4.1 或 4.2 缴纳投标保证金，贵司可从我单位保证金中扣除中标服务费用后将余额退给我单位，如不足，接到贵司通知后 5 个工作日内补足差额；如通过方式 4.3 缴纳投标保证金，将在合同签订并提供履约担保（如招标文件有要求）后 5 日内支付中标服务费，否则贵司可以要求投标保函出具银行支付中标服务费。

3. 对于通过方式 4.1 或 4.2 提交的保证金，请按原汇款路径退回我单位，如我单位账户发生变化，将及时通知贵司并提供情况说明；对于通过方式 4.3 提交的银行投标保函，贵司收到我单位汇付的中标服务费后将银行保函原件按下列地址寄回：

投标人名称（盖单位章）：

地址：＿＿＿＿＿＿　　邮编：＿＿＿　　联系人：＿＿＿　　联系电话：＿＿＿＿＿

法定代表人或委托代理人：＿＿＿＿＿＿＿＿＿＿＿＿　　　年　　月　　日

说明：1. 本信息由投标人填写，与投标保证金递交凭证或银行投标保函一起密封提交。

2. 本信息作为招标代理机构退还投标保证金和开具中标服务费发票的依据，投标人必须按要求完整填写并加盖单位章（其余用章无效），由于投标人的填写错误或遗漏导致的投标担保退还失误或中标服务费发票开具失误，责任由投标人自负。

五、已标价工程量清单

说明：已标价工程量清单按第五章"工程量清单"中的相关清单表格式填写。构成合同文件的已标价工程量清单包括第五章"工程量清单"有关工程量清单、投标报价以及其他说明的内容。

六、施工组织设计

1. 投标人应根据招标文件和对现场的勘察情况，采用文字并结合图表形式，参考以下要点编制本工程的施工组织设计：

（1）施工方案及技术措施；

（2）质量保证措施和创优计划；

（3）施工总进度计划及保证措施（包括以横道图或标明关键线路的网络进度计划、保障进度计划需要的主要施工机械设备、劳动力需求计划及保证措施、材料设备进场计划及其他保证措施等）；

（4）施工安全措施计划；

（5）文明施工措施计划；

（6）施工场地治安保卫管理计划；

（7）施工环保措施计划；

（8）冬季和雨季施工方案；

（9）施工现场总平面布置（投标人应递交一份施工总平面图，绘出现场临时设施布置图表并附文字说明，说明临时设施、加工车间、现场办公、设备及仓储、供电、供水、卫生、生活、道路、消防等设施的情况和布置）；

（10）项目组织管理机构（若施工组织设计采用"暗标"方式评审，则在任何情况下，"项目管理机构"不得涉及人员姓名、简历、公司名称等暴露投标人身份的内容）；

（11）承包人自行施工范围内拟分包的非主体和非关键性工作（按第二章"投标人须知"第1.11款的规定）、材料计划和劳动力计划；

（12）成品保护和工程保修工作的管理措施和承诺；

（13）任何可能的紧急情况的处理措施、预案以及抵抗风险（包括工程施工过程中可能遇到的各种风险）的措施；

（14）对总包管理的认识以及对专业分包工程的配合、协调、管理、服务方案；

（15）与发包人、监理及设计人的配合；

（16）招标文件规定的其他内容。

2. 施工组织设计除采用文字表述外可附下列图表，图表及格式要求附后。

附件一　拟投入本工程的主要施工设备表

附件二　拟配备本工程的试验和检测仪器设备表

附件三　劳动力计划表

附件四　计划开、竣工日期和施工进度网络图

附件五　施工总平面图

附件六　临时用地表

附件一：拟投入本工程的主要施工设备表

序号	设备名称	型号规格	数量	国别产地	制造年份	额定功率（KW）	生产能力	用于施工部位	备注

附件二：拟配备本工程的试验和检测仪器设备表

序号	仪器设备名称	型号规格	数量	国别产地	制造年份	已使用台时数	用途	备注

附件三：劳动力计划表

单位：人

工种	按工程施工阶段投入劳动力情况					

附件四：计划开、竣工日期和施工进度网络图

1. 投标人应递交施工进度网络图或施工进度表，说明按招标文件要求的计划工期进行施工的各个关键日期。

2. 施工进度表可采用网络图和（或）横道图表示。

附件五：施工总平面图

投标人应递交一份施工总平面图，绘出现场临时设施布置图表并附文字说明，说明临时设施、加工车间、现场办公、设备及仓储、供电、供水、卫生、生活、道路、消防等设施的情况和布置。

附件六：临时用地表

用途	面积（m²）	位置	需用时间

七、项目管理机构

（一）项目管理机构组成表

职务	姓名	职称	执业或职业资格证明					备注
			证书名称	级别	证号	专业	养老保险	

（二）主要人员简历表

附 1：项目经理简历表

项目经理应附建造师执业资格证书、注册证书、安全生产考核合格证书、身份证、职称证、学历证、养老保险扫描件及未担任其他在施建设工程项目项目经理的承诺书，管理过的项目业绩须附合同协议书和竣工验收备案登记表扫描件。类似项目限于以项目经理身份参与的项目。

姓　名		年　龄		学历	
职　称		职　务		拟在本工程任职	项目经理
注册建造师执业资格等级		级		建造师专业	
安全生产考核合格证书					
毕业学校		年毕业于		学校	专业

主要工作经历				
时 间	参加过的类似项目名称			工程概况说明	发包人及联系电话

附2：主要项目管理人员简历表

主要项目管理人员指项目副经理、技术负责人、合同商务负责人、专职安全生产管理人员等岗位人员。应附注册资格证书、身份证、职称证、学历证、养老保险扫描件，专职安全生产管理人员应附安全生产考核合格证书，主要业绩须附合同协议书。

岗位名称			
姓　　名		年龄	
性　　别		毕业学校	
学历和专业		毕业时间	
拥有的执业资格		专业职称	
执业资格证书编号		工作年限	
主要工作业绩和担任的主要工作			

附 3：承诺书

承诺书

_____（招标人名称）：

我方在此声明，我方拟派往_____（项目名称及标段）（以下简称"本工程"）的项目经理_____（项目经理姓名）现阶段没有担任任何在施建设工程项目的项目经理。

我方保证上述信息的真实和准确，并愿意承担因我方就此弄虚作假所引起的一切法律后果。

特此承诺！

投标人：_____（盖单位章）

法定代表人或其委托代理人：_____（签字）

年____月____日

八、拟分包项目情况表

序号	拟分包项目名称、范围及理由	拟选分包人					备注
			拟选分包人名称	注册地点	企业资质	有关业绩	
		1					
		2					
		3					
		1					
		2					
		3					
		1					
		2					
		3					
		1					
		2					
		3					

备注：投标人需根据拟分包的项目情况提供分包意向书/分包协议、分包人资质证明文件。

九、资格审查资料

（一）投标人基本情况表

投标人名称						
注册地址				邮政编码		
联系方式	联系人			电话		
	传真			网址		
组织结构						
法定代表人	姓名		技术职称		电话	
技术负责人	姓名		技术职称		电话	
成立时间		员工总人数：				
投标人组织机构代码或统一社会信用代码						
企业资质等级				项目经理		
营业执照号			其中	高级职称人员		
注册资金				中级职称人员		
开户银行				初级职称人员		
账号				技 工		
经营范围						
备注						

备注：本表后应附企业法人营业执照、企业资质证书副本、安全生产许可证等材料的扫描件。

（二）近年财务状况表

投标人须提交近____年（____年至____年）的财务报表，并填写下表。

序号	项目	_____年	_____年	_____年
1	固定资产（万元）			
2	流动资产（万元）			
2.1	其中：存货（万元）			
3	总资产（万元）			
4	长期负债（万元）			
5	流动负债（万元）			
6	净资产（万元）			
7	利润总额（万元）			
8	资产负债率（％）			
9	流动比率			
10	速动比率			
11	销售利润率（％）			

备注：在此附经会计师事务所或审计机构审计的财务财务会计报表，包括资产负债表、损益表、现金流量表、利润表和财务情况说明书的扫描件，具体年份要求见第二章"投标人须知"的规定。

（三）近年完成的类似项目情况表

项目名称	
项目所在地	
发包人名称	
发包人地址	
发包人联系人及电话	
合同价格	
开工日期	
竣工日期	
承担的工作	
工程质量	
项目经理	
技术负责人	
总监理工程师及电话	
项目描述	
备注	

备注：1. 类似项目指_____工程。

2. 本表后附中标通知书和（或）合同协议书、工程接收证书（工程竣工验收证书）扫描件，具体年份要求见投标人须知前附表。每张表格只填写一个项目，并标明序号。

（四）正在施工的和新承接的项目情况表

项目名称	
项目所在地	
发包人名称	
发包人地址	
发包人电话	
签约合同价	
开工日期	
计划竣工日期	
承担的工作	
工程质量	
项目经理	
技术负责人	
总监理工程师及电话	
项目描述	
备注	

备注：本表后附中标通知书和（或）合同协议书扫描件。每张表格只填写一个项目，并标明序号。

（五）近年发生的诉讼和仲裁情况

序号	案由	双方当事人名称	处理结果或进度情况
...	...	...	...

注：（1）本表为调查表。不得因投标人发生过诉讼及仲裁事项作为否决其投标、作为量化因素或评分因素，除非其中的内容涉及其他规定的评标标准，或导致中标后合同不能履行。

（2）诉讼及仲裁情况是指投标人在招投标和中标合同履行过程中发生的诉讼及仲裁事项，以及投标人认为对其生产经营活动产生重大影响的其他诉讼及仲裁事项。

投标人仅需提供与本次招标项目类型相同的诉讼及仲裁情况。

（3）诉讼包括民事诉讼和行政诉讼；仲裁是指争议双方的当事人自愿将他们之间的纠纷提交仲裁机构，由仲裁机构以第三者的身份进行裁决。

（4）"案由"是事情的原由、名称、由来，当事人争议法律关系的类别，或诉讼仲裁情况的内容提要。如"工程款结算纠纷"。

（5）"双方当事人名称"是指投标人在诉讼、仲裁中原告（申请人）、被告（被申请人）或第三人的单位名称。

（6）诉讼、仲裁的起算时间为：提起诉讼、仲裁被受理的时间，或收到法院、仲裁机构诉讼、仲裁文书的时间。

（7）诉讼、仲裁已有处理结果的，应附材料见第二章"投标人须知"3.5.3；还没有处理结果，应说明进展情况，如某某人民法院于某年某月某日已经受理。

（8）如招标文件第二章"投标人须知"3.5.3 条规定的期限内没有发生的诉讼及仲裁情况，投标人在编制投标文件时，需在上表"案由"空白处声明："经本投标人认真核查，在招标文件第二章"投标人须知"3.5.3 条规定的期限内本投标人没有发生诉讼及仲裁纠纷，如不实，构成虚假，自愿承担由此引起的法律责任。特此声明。

（六）企业其他信誉情况表（年份要求同诉讼及仲裁情况年份要求）

1. 近年企业不良行为记录情况

2. 在施工程以及近年已竣工工程合同履行情况

3. 其他

备注：1. 企业不良行为记录情况，主要指近年来中国长江三峡集团有限公司各部门和单位记录的投标人在工程建设过程中因违反有关工程建设的法律、法规、规章或强制性标准和执业行为规范而形成的不良行为，以及集团外经县级以上行政主管部门或其委托的执法监督机构查实和行政处罚而形成的不良行为记录。

2. 合同履行情况主要是投标人近年所承接工程和已竣工工程是否按合同约定的工期、质量、安全等履行合同义务，对未竣工工程合同履行情况还应重点说明非不可抗力解除合同（如果有）的原因等具体情况，等等。

（七）主要项目管理人员简历表

说明："主要人员简历表"同本章附件七之（二）。未进行资格预审但本章"项目管理机构"已有本表内容的，无需重复提交。

十、构成投标文件的其他材料

1. 初步评审需要的材料

投标人应根据招标文件具体要求，提供初步评审需要的材料，包括但不限于下列内容，请将所需材料在投标文件中的对应页码填入表格中。

序号	名称	网上电子投标文件	纸质投标文件正本	备注
	...			

注：（1）所提供的企业证件等资料应为有效期内的文件，其它材料应满足招标文件具体要求。

（2）投标保证金采用银行保函时应提供原件，同《投标保证金退还信息及中标服务费交纳承诺书》原件共同密封提交。

（3）本表供评标时参考，以投标文件实际提供的材料为准。

2. 招标文件规定的其他材料。

3. 招标文件第二章"投标人须知"中的第 4.2.2 项的规定，请列出投标文件未能上传的内容目录（如有）。

4. 投标人认为需要提供的其他材料。